NETWORK-
MARKETING
JETZT

**Warum schon heute
keiner mehr am Geschäftsmodell
des 21. Jahrhunderts vorbeikommt**

Biografische Informationen der Deutschen Nationalbibliothek:
Die Deutsche Nationalbibliothek verzeichnet diese Publikation in der
Deutschen Nationalbibliografie; detailierte bibliografische Daten sind
im Internet abrufbar über
http://dnb.d-nb.de

ISBN:
978-3-96566-007-6

Impressum
Verlag:
REKRU-TIER GmbH, München

**„Ich prüfe jedes Angebot.
Es könnte die Chance
meines Lebens sein!"**

– Henry Ford –

INHALT

VORWORT:

Und täglich grüßt das Murmeltier … nicht nur der Titel eines bekannten Hollywood-Blockbusters aus dem Jahr 1993. Auch ein inzwischen geflügeltes Wort, ein sarkastisch-bissig gemeinter Slogan mit sanfter Nerv-Attitüde, der deutlich macht: Jeden Tag der gleiche Trott, Tag ein Tag aus – privat und beruflich. Aber so ist nun mal das Leben. Sagen jedenfalls viele Leute. Die zu erwartende öde Abfolge bestimmter Geschehnisse und Aktivitäten in der Zukunft ist dann so ziemlich bei jedem hierzulande vorhersehbar. Und dazu braucht man kein Hellseher zu sein oder magische Fähigkeiten zu besitzen.

Der „Lauf der Dinge" funktioniert in der Regel bei den meisten so: Geburt – Schule – Ausbildung – 40 Jahre Job – Stress – unbezahlte Überstunden – Unzufriedenheit – chronischer Geldmangel – Kleinwagen – Mietwohnung oder Reihenhaus mit Jägerzaun und Primelbeet – unspektakulärer Pauschalurlaub – knappe Rente einschließlich Existenzangst wegen drohender Altersarmut – und dann geht das Licht aus. So ist das Leben? Wirklich? Ist das echt so? So langweilig, so eintönig, ja geradezu so deprimierend fade soll das angeblich so aufregende „Spiel des Lebens" sein? Mehr Erwartungen gibt es nicht? Wo bleibt denn da der Spaß? Wo ist denn da der Grund, jeden Morgen überhaupt erneut aufzustehen?

Denn genau den braucht jeder Mensch: Einen Grund, um morgens aus dem Bett zu kommen, statt gemütlich liegen zu bleiben. Dieser Grund ist die Tages-Motivation, ist die innere

Schubkraft. Sie verleiht Energie, Zuversicht, Freude, Engagement, Lust aufs Tun und auf Action. Dieser Grund ist die wirkende Ursache, warum wir uns täglichen Herausforderungen stellen, Aufgaben mit Engagement, mit Fleiß und Biss annehmen und auch bewältigen.

Und wie lautet bei Dir dieser Grund? Warum springst Du jeden Morgen auf, wenn der Wecker klingelt? Weil Du es musst? Weil nämlich andere es von Dir erwarten? Weil sie Dich gekauft haben, denn Du bist mit ihnen einen Tauschhandel eingegangen? Deine Zeit und Deine Arbeitskraft gegen Geld. Wahrscheinlich ist dabei ein für Dich nicht extrem gutes Geschäft bei herausgekommen. Denn Du weißt es genau: Du bist viel mehr wert und daher ist es viel zu wenig, was man Dir zahlt. Also lautet die Formel für Deinen Deal: Deine wertvolle Lebenszeit und Deine ebenso wertvolle Arbeitskraft gegen wenig, nein, gegen viel zu wenig Geld! Stimmt's?

Na, kommst Du gerade ins Grübeln? Sei ehrlich! Du rechnest doch gerade nach, oder? Vielleicht fängst Du sogar an, entweder die Summe, die jeden Monatsende auf Deiner Abrechnung steht, schön zu reden. Oder machst Du gar auf Entschuldigung: Mehr ist in meinem Job halt nicht drin. Mag sein, aber Du weißt, dass Du viel mehr wert bist, dass Du viel mehr vom Leben erwarten und auch einfordern kannst. Ist doch so, oder? Denn Du hast nur das eine Leben und Du hast nur die eine Chance, dieses Leben zu leben, zu genießen und es Dir so schön und angenehm zu machen, wie Du es eigentlich verdienen würdest. Du musst nur selber auch dafür sorgen.

Wenn Du heute unzufrieden bist, dann weißt Du auch, dass es Zeit ist, noch heute etwas daran zu ändern! Und diese Möglichkeit gibt es – immer. Nichts ist für die Ewigkeit! Und wenn Du spürst, dass Du momentan einen Job hast, eine Aufgabe, die Dich erfüllt, aber Du merkst ebenso tief in Deinem Inneren, dass da noch mehr geht, dann fülle diese Lücke aus.

Wie? Jetzt bloß keine Ausreden. Jeder kann etwas ändern, wenn er nur will. Chancen und Möglichkeiten gibt es, immer und immer wieder. Und genau das ist der Grund für dieses Buch, das Du gerade in den Händen hältst. Es zeigt und erklärt Dir eine Gelegenheit, eine riesige, enorme geradezu bombastische Chance ...

Vielleicht sogar die Lösung für all das, was Dir momentan fehlt – für noch mehr Erfüllung, für mehr Freiheit, für mehr Unabhängigkeit, für mehr Eigenverantwortung, für mehr Geld, für mehr Sicherheit in der Zukunft, für mehr Zufriedenheit, für mehr positive Grundstimmung, für mehr Engagement, für mehr Lust auf Aktivitäten, für mehr Orientierung im Leben, für mehr Anerkennung, für mehr Hilfsmöglichkeiten, für mehr soziale Kompetenz, für mehr inneren Frieden, für mehr Lebensfreude und damit auch für weniger Sorgen. Diese Chance heißt: NETWORK-MARKETING!

Ein Begriff und zugleich eine Branche, die polarisiert wie kaum etwas anderes. Geliebt, gehasst, verdammt, vergöttert – alles auf einmal trifft auf dieses einzigartige Business zu. Abgelehnt von denjenigen, die sich nicht trauen, ausgetrampelte Pfade zu verlassen. Menschen, die nicht über den eigenen Tellerrand hinausblicken und die sich scheuen, neue, gute Erfahrungen zu machen. Menschen, die für alles eine Ausrede haben – selbst für ihre Ausrede des Scheiterns. Die typischen Nein-Sager, die für jede Lösung ein neues Problem kreieren und die mit Scheuklappen durch das Leben laufen. Ihr liebster Satz lautet entweder: „Das tut man nicht!", „Ich kann das nicht!", „So geht das nicht!" oder „Ich mache das so, weil das alle so machen und weil es schon immer so gemacht wurde …!"

Und dennoch ist dieses phänomenale Geschäft in vielen Fällen die Lösung auf viele Fragen und daher eine große Chance, um neue Ufer zu erreichen. Hätten Kolumbus im Jahr 1492 und seine anderen Seefahrer- und Entdecker-Kollegen vor vielen hundert Jahren gesagt: „Das geht nicht, denn wir haben das schon immer so gemacht …!", wir würden bis heute Amerika nicht entdeckt haben, Indien nicht kennen, nicht wissen, dass es Argentinien gibt und wohl immer noch glauben, die Welt sei eine Scheibe. Eine, an deren Rand man runterfällt, wenn man es nur wagt, einen Schritt außerhalb des bekannten Pfades zu gehen.

Network-Marketing ist aktueller denn je, wichtiger denn je, angesagter denn je und ist damit geschäftliche sowie sozial-ökonomische Zukunft und Gegenwart. Dieses Buch soll Dich daher sensibilisieren. Es soll Dir zeigen, dass es Chancen gibt auf Veränderung – wenn Du sie willst. Es soll ebenso aufklären, mit Mythen aufräumen, Gerüchte und Fakes entlarven und es wird Dich in einen spannenden Zwiespalt bringen, Dich hin-

und herrütteln, Dich von links nach rechts und von rechts nach links mental springen lassen. Aber zu guter Letzt können wir Dir dabei helfen, Dein Leben zu einem echten Meisterwerk zu machen, zu Deinem persönlichen „Masterpiece of life".

Wenn Du diese Chance nicht nutzt oder nutzen willst, weil Du vielleicht anstatt auf Deinen Kopf, auf Dein Herz oder Deinen Bauch eher auf andere gehört hast, dann ist es aber ab sofort mit der Ausrede vorbei: Denn wir werden Dir hier alles zum Thema Network-Marketing erklären. Wir nehmen kein Blatt vor den Mund. Daher sage später nicht: „Ach, wenn ich das doch gewusst hätte, dass es so etwas gibt ...!" Denn wenn Du dieses Buch gelesen hast, dann weißt Du es.

Dieses Buch ist ein Stück weit „Erste Hilfe" für Dich, ein Care-Paket für Dein zukünftiges Leben, das ab heute neu beginnt – wenn Du es zulässt und bereit bist. Denn genau so betrachten wir das, was wir hier tun: Die Pflicht Dich über das Boom-Biz des 21. Jahrhunderts zu informieren. Genau das tun wir! Denn würden wir es nicht tun, wäre das schon beinahe unterlassene Hilfeleistung. Also, auf geht's, mitten rein in das wohl spannendste und aufregendste Business, das es aktuell gibt: Network-Marketing!

1.1. Network-Marketing – das unbekannte System

Gerade in Zeiten von Social Media wird es denjenigen, die keine Ahnung haben, immer leichter gemacht am lautesten mitzureden. Kennt Ihr das auch? Da werden Sprüche geklopft, Aussagen gemacht und Behauptungen aufgestellt, wo man sich innerlich denkt: Wie wäre es denn mal mit Nachdenken gewesen? Erst denken, dann reden! Ja, hat der oder die denn überhaupt gar keine Ahnung? Und immer wieder wird deutlich: Da beteiligt sich jemand an einer Kommunikation, ohne einen Hauch an Sachkenntnis oder gar Kompetenz zu haben. Fast bekommt man das Gefühl, dass nach dem Slogan „no brain, no pain" gehandelt wird. Denn ohne Ahnung lässt es sich wahrscheinlich gleich nochmal so schön „bashen". Völlig ungeniert. Immer draufhauen, Themen zerrupfen und zerreißen. Kein Wunder, dass sich folgende Szene schon öfter abgespielt hat und man folgendes Gespräch belauschen konnte:

Zwei Freunde unterhalten sich in einer angesagten Bar.
„Hast Du schon Lea und Max da drüben gesehen? Alle Achtung, die scheinen ja richtig Erfolg zu haben und Karriere zu machen. Sieht aus, als ob bei den beiden der Job gut läuft!"
– „Ja, hab' ich schon gesehen. Cooler Look von den beiden und sie sind ja echt gut drauf. Weißt Du, was die zwei beruflich machen?"
– „Die sollen angeblich beide Network-Marketing machen. Und das ziemlich erfolgreich, wie man ja unschwer sieht. Und dabei soll sie sogar ihn mit ins Geschäft geholt haben. Aber mehr weiß ich auch nicht?"

– *„Network-Marketing? Schon mal gehört, aber ich weiß nicht so richtig, wie das funktioniert. Keine Ahnung!"*
– *„Nö, ich auch nicht, aber für mich ist das bestimmt nichts. Man hört ja immer so einiges ...!"*

Ein Paradebeispiel. Nein, niemand hat Ahnung, keiner der beiden kennt weder das Business, noch das System oder was dahintersteckt. Aber man zerreißt sich fröhlich das Mundwerk darüber und über diejenigen, die in dieser Branche tätig sind. Und das sind immerhin weltweit über 117.000.000 Menschen, die allein im Jahr 2017 für rund 190 Milliarden US-Dollar Umsatzvolumen sorgten. Das jedenfalls sind die Zahlen, die die WFDSA (Worldwide Federation Direct Selling Associations), eine unabhängige Organisation in Washington DC / USA, die das weltweite Sprachrohr dieser boomenden Branche ist, veröffentlicht. Nur einmal zum Vergleich: Das ist in etwa das doppelte Umsatzvolumen, was die internationale Musik- und Unterhaltungsbranche erwirtschaftete.

Man hat sich also in dem oben genannten Beispiel seine eigene Meinung gebildet. Und dies auf dem Fundament der nötigen Portion Arroganz und dem Geschnatter anderer Menschen, die genauso wenig Ahnung haben. Hier mal eine Bemerkung auf Facebook gelesen und da mal einen Post auf Instagram – schon ist die eigene Meinung kreiert. Und sie ist sogar dann so gefestigt, dass sie nahezu als Dogma behandelt wird. Eine unantastbare Ansicht. Man hat Recht, weil man eben Recht hat. Und auch wenn wir im Zeitalter der Kommunikation leben, in einer Epoche, wo es noch niemals so einfach war sich zu informieren, so gehen die meisten den Weg des geringsten Widerstandes. Aufschnappen, ruck zuck eine Meinung verinnerlichen, diese aber bloß nicht hinterfragen. Und wenn, dann folgt man lieber den leichten, angeblich offensichtlichen Argumenten, macht sich aber nicht die Mühe, eigene Erfahrungen zu sammeln, kritisch zu hinterfragen, zu ventilieren oder gar eigene Ansichten zu kreieren. Wissenschaftler nennen dieses moderne zweifelhafte Phänomen „Faking Cultural Literacy", was so viel wie „das Vortäuschen von kulturellem Wissen" bedeutet. Denn noch nie war es so einfach, mal eben so zu tun, als wüsste man so viel, ohne wirklich überhaupt auch nur einen Hauch von Wissen zu besitzen. Hier ein Häppchen von Facebook, dort ein Sätzchen von Instagram, das Ganze gewürzt mit einer Prise Polemik aus dem Fernsehen und obendrauf noch ein paar zweifelhafte Äußerungen anderer – fertig ist die gemachte, angeblich fundiert gebildete Meinung. Und die wird dann hemmungslos in die Welt hinausposaunt.

Auch um die innovative, aufregende Network-Marketing-Industrie werden aus Unwissen heraus Mythen und Falschmeldungen in der Gerüchteküche zusammengerührt. Und dies ohne Wissen, ohne fachliche Kompetenz, ohne eigene Erfahrungen und ohne Hintergrundinformation. Da wird schwadroniert und gemutmaßt, da wird angenommen und vermutet. Und das Resultat ist stets das gleiche: Nichts Genaues weiß man nicht! Und warum: Weil Network-Marketing einfach nur anders funktioniert als bisher bekannte Systeme und Abläufe in der beruflichen Arbeitswelt. Aber was genau läuft hier anders? Was genau ist Network-Marketing überhaupt?

 **Kurz gesagt, ist es der einfachste, kürzeste und damit zugleich der direkteste Weg einer Ware zum Endverbraucher. Und zwar ohne, dass andere auf diesem Weg daran noch weiter mitpartizipieren. Vom Hersteller zum Abnehmer – ohne Umwege. Daher wird in der Englischen Sprache bei dieser Art des Vertriebs auch vom „Direct Selling", also vom Direktverkauf gesprochen.**

Nehmt als Gegenbeispiel einfach einmal ein gedrucktes Sportmagazin, das Ihr am Kiosk kauft. Das steht für das komplette Gegenteil von einem direkten Verkauf. Denn hier produziert ein Verlag ein Produkt, nämlich das Magazin. Er verkauft es aber nicht direkt an seine Leser. Vielmehr wandert es erst einmal zu diversen Grossisten. Diese lagern die gedruckte Auflage an diversen Standorten. Die Einzelhändler wie Kioskbesitzer, Zeitungsläden, Supermärkte, Tankstellen, Bahnhof- und Flughafenkioske – sie alle bestellen nun eine bestimmte Stückzahl des Magazins, um es bei sich im Laden zu verkaufen. Spediteure und Fuhrunternehmen sorgen nun dafür, dass die bestellte Menge an die jeweilige Verkaufsstelle kommt, dem sogenannten POS, was „Point of Sale" bedeutet. Im Kiosk endlich angekommen, kann ein Käufer dann das Magazin gegen Geld erwerben. Ihr seht also, bis der Verlag einmal sein Produkt, nämlich das Magazin, verkauft hat, halten viele andere erst einmal ihre Hand auf, um daran Geld zu verdienen. Der Drucker, der Spediteur, der Grossist, der Einzelhändler … und das kann Ware teuer machen. Denn jeder will an dem Produkt „Sportmagazin" verdienen, was natürlich alles im Preis mit eingerechnet werden muss. Im Network-Marketing würde durch den Vertrieb das Produkt vom Verlag direkt an den Leser weitergereicht werden – halt auf direktem Weg und somit im direkten Verkauf …

 **Insofern ist Network-Marketing ein Vertriebsmodell, Produkte, Informationen oder Dienstleistungen durch ein unabhängiges Vertriebsnetzwerk direkt zum Endabnehmer zu bringen!**

Der große und wichtige Touchpoint dabei ist: Dass es sich um ein Geschäft von Mensch zu Mensch handelt. Selbstverständlich haben die Bereiche Internet, Social Media, Social Selling oder Online-Aktivitäten generell großen Einfluss auf das Network-Business genommen, aber die Beziehung von Menschen miteinander ist dennoch vordergründig. Die realen Vertrauens-Netzwerke sind hier von entscheidender Bedeutung. Sie sind das Fundament, auf dem der Erfolg im Network-Marketing gebaut wird. Hier kommt ein sehr wichtiger Faktor mit ins Spiel: Diese menschlichen Kontakte und ihre Bedeutungen für das „Netzwerken" werden auch in Zukunft von größter Wichtigkeit sein. Das wird sich nicht ändern und damit ist diese Industrie ein Sicherheitsfaktor und zugleich eine tragende Säule im Business des 21. Jahrhunderts.

Das ist zugleich einer der wesentlichen Unterschiede zum Internet-Marketing. Natürlich sind auch hierbei Menschen die Kunden und es werden Waren, Dienstleistungen oder Informationen angeboten. Aber es ist ein übermäßig technisches

Business, in dem es beispielsweise um Klickzahlen, um Likes, um mathematische Algorithmen, um Ratings, um Search Engine Optimising-Faktoren (=SEO) geht. Hingegen ist Network-Marketing doch primär ein Geschäft von Mensch zu Mensch, bei dem der Mensch eben auch absolut im Vordergrund steht. Die zutreffende Devise heißt dabei: „Becoming a better people person!" Das bedeutet: Der gute, angenehme Umgang mit anderen Menschen, Aufbau von realen, emotionalen Beziehungen, Pflege dieser und des damit vorhandenen Netzwerkes. All das zeigt, wie sehr das Network-Business „menschelt", wie es real ist und somit auch von Personen gelebt werden muss.

Letztendlich geht es ja darum, mit einer Empfehlung viele neue Empfehlungen zu generieren. Und wenn klar strukturiertes Arbeiten erforderlich ist und das Geschäftsmodell eben aus diesen strukturierten Abläufen besteht, dann wird dahinter gleich aus Unwissenheit ein zweifelhaftes System vermutet. Und dies nur, weil es eben ein anderes System ist, das anders funktioniert und andere Strukturen aufweist als alle bisher bekannten und herkömmlichen. Machen wir uns nichts vor: Jedes Unternehmen, und wenn es noch so klassisch in seinen Hierarchien und betriebswirtschaftlichen Strukturen aufgebaut ist, ist damit auch ein Gebilde mit einer pyramidalen Gliederung im Aufbau. Oben steht ein Vorstand oder ein verantwortlicher Geschäftsführer wie z.B. bei einem Familienunternehmen bzw. einer GmbH. Darunter folgen dann beispielsweise Vorstandsmitglieder, an denen wiederum Gebietsleiter hängen, unter denen dann Abteilungsleiter druntergegliedert sind und

16

dann kommen vielleicht noch die Ressortleiter, und zu guter Letzt die Sachbearbeiter bzw. die Arbeitnehmer.

Dieser skizzierte Pyramiden-Aufbau gilt aber nicht nur für Unternehmen und Konzerne, sondern ebenso für eine Regierung, für den Staat oder auch für die Kirche mit all ihren Strukturen. Ebenso für Vereine, für Organisationen aller Art. Und selbst wenn heutzutage moderne Start-ups von sich behaupten, sie hätten eine sehr flache Hierarchie, dann ist das nichts anderes als eine Pyramide – nur mit einem entsprechend niedrigen Abstand zwischen Spitzen und einfachen Angestellten. Aber alles, was ein festes Gefüge ist, ist zugleich in festen Strukturen aufgebaut, die sich von einem breiten Fundament nach oben hin immer weiter verjüngen, bis sie eine Spitze ergeben. Das Bild, was sich dabei zeichnet, ist dann eine Struktur in Form einer Pyramide. Würden wir in so einem Fall mit negativem Touch von Pyramidensystem sprechen? Sicherlich nicht!

Entscheidend hingegen ist daher die Frage, was innerhalb von so einem System bewegt wird. Das macht nämlich den wahren Unterschied zu dubiosen Systemen aus. Denn: Ein Schneeballsystem vermarktet in Wahrheit gar kein reales Produkt. Es ist bloßer Schein als Sein. Hier wird eigentlich nur Geld von einem zum anderen weitergeschoben. Und dies aufgrund einer angebotenen Fiktion. Wie das geht? Ganz einfach: Die Botschaft für dieses System heißt zum Beispiel: Hier wirst Du glücklich, weil wir Dich reich machen. Tun muss der Kandidat dafür nur eins: 2.000 Euro einzahlen. Quasi sein Startkapital zum Glücklichsein. Dieser Betrag wird nun an die in der Pyramide oben stehenden zuerst und dann weiter nach unten gehend verteilt. Es geht anschließend darum, immer mehr Leute zu finden, die ebenfalls diesen Betrag (ein-)zahlen. Das geht absehbar so lange gut, bis niemand mehr jemanden findet, der für sein Glücklichsein 2.000 Euro zahlt. Dann bricht die Pyramide nach unten hin zusammen. Hierbei wird sehr deutlich: Ein Produkt, eine real existierende Ware wird nicht vertrieben und somit auch nicht bewegt.

Ganz anders ist das nun hingegen beim Network-Marketing. Hierbei wird ein echtes Produkt verkauft. Etwas, was es wirklich gibt, was entsprechend haptisch ist. Sei es ein Kosmetikartikel, ein Nahrungsergänzungsmittel, Pflege- oder Reinigungsprodukte, eine Versicherungspolice oder eine anderweitig nutzbringende und wertschöpfende Dienstleistung. Alles das sind greifbare Dinge, die verkauft werden und dabei entsprechend bewegt werden.

Das also ist Network-Marketing im eigentlichen Sinn. Aber dieses System hat auch Auswirkungen, vor allem individuell auf die einzelnen Protagonisten, die sich entschließen, innerhalb dieses Systems aktiv zu werden. Die wichtigste Tatsache dabei ist: Jeder kann es und jeder kann mitmachen. Es gibt keine Voraussetzungen außer moralischen und ethischen Anstand. Schulzeugnisse und weiterbildende Abschlüsse sind hier nicht von wirklicher Bedeutung. Frauen und Männer haben die absolut gleichen Rahmenbedingungen – gleiche Aufgaben, gleiche Honorierung, gleiche Erfolgsaussichten und -chancen. Denn das System ist per se transparent und somit nicht individuell oder gar geschlechtlich modifizierbar. Gleichberechtigung zwischen Frau und Mann, sind im Network-Marketing eine grundlegende Selbstverständlichkeit.

Das gleiche gilt für die Unabhängigkeit von Menschen unterschiedlicher Ethnien, anderer Hautfarben und unterschiedlicher Sprache. Im Network-Marketing wurde der gesellschaftliche Wunschzustand von der Gleichheit aller schon immer gelebt. Außerdem müssen wir auch nicht die Phrase des „American way of life" bemühen, der es dem Tellerwäscher ermöglicht Millionär zu werden. Durch die Gleichbehandlung aller und den absolut gleichen Startchancen kann es ausnahmslos jeder in diesem System schaffen, seinen eigenen Erfolg zu realisieren. Es kommt hierbei einzig und allein auf die individuelle Leistungsperformance an, auf den persönlichen Willen, auf das eigene Engagement und auf den eingesetzten an den Tag gelegten Fleiß. Nein, Network-Marketing ist nichts für Faulpelze und nichts für diejenigen, die glauben, Erfolg und die Auswirkungen von Erfolg geschenkt zu bekommen.

 **Das System Network-Marketing ist genau das Richtige für diejenigen, die wollen und machen!**

2. Zeit zur Bestandsaufnahme

Wenn man sich Umfragen der bekannten Meinungsforschungsinstitute ansieht, die sich rund um das Thema „Glück und Wünsche" der Deutschen drehen, dann wird schnell deutlich: Gesundheit ist der wichtigste Wunschfaktor. Und dann? Geld, Haus, Auto, Reisen – danach sehnen sich mal mehr und mal weniger Frauen und Männer. Diese Bereiche wechseln sich je nach Jahr der Befragung im Spitzenranking ab. Eine Forsa-Umfrage aus dem Dezember 2018 macht aber deutlich: 57 Prozent aller Befragten wünschen sich keine Geldsorgen mehr zu haben und dazu eine sichere Rente. 32 Prozent wünschen sich hingehen immerhin noch einen satten Lottogewinn, der finanzielle Freiheit garantiert. Immer wieder taucht aber auch der Wunsch nach einem Job auf, der zumindest ein ausreichend hohes Einkommen bietet.

Das sind alles Ergebnisse, die man auf der einen Seite mit einem Achselzucken hinnehmen könnte, indem man die Befragten schlicht und einfach als „genügsam" bezeichnet. Wenn man bedenkt, dass rund 10 Prozent der Teilnehmer bei den Umfragen sogar angaben, dass ihnen ad hoc kein Kaufwunsch oder das Verlangen nach etwas Materiellem einfallen würde, dann ist man schnell geneigt, diese Menschen als „wunschlos glücklich" zu bezeichnen. Ehrlich? Ist das wirklich so? Oder drängt sich einem nicht vielmehr die Vermutung auf, dass da schon ein erhebliches Stück Resignation mit im Spiel ist? Denn wenn jemand keinen Wunsch mehr hat, dann kann dies durchaus ein Zeichen sein, dass er aufgegeben hat, sich an einen Wunsch zu klammern, weil er es für aussichtslos hält, die Erfüllung dessen jemals zu erreichen oder zu erleben. Heißt im Umkehrschluss: Wunschlos zu sein, heißt nicht unbedingt gleich glücklich und satt zu sein. Und dafür ist auch die große

Sehnsucht nach einem Job, bei dem man ausreichend verdient ein deutliches Indiz. Das zeigt doch, dass diese 57 Prozent, die diesen Wunsch angaben, derzeit einem Beruf nachgehen, in dem sie eben nicht genug verdienen. Zumindest nicht so viel, dass es bis zum Monatsende reicht, oder dass sie davon auch nur annähernd sorgenfrei leben könnten. Hier geht es noch nicht einmal um Reichtum, um Luxus oder gar um das süße, ausschweifende Leben. Nein, die Deutschen üben sich in Bescheidenheit und in Zurückhaltung, weil sie eben das Mindestmaß der Normalität noch nicht einmal erreicht haben.

Das gilt im Übrigen auch für die Wünsche nach Immobilien, Autos oder Reisen. Auch hier waren die bescheidenen Träume führend. Es geht nicht um das herrschaftliche Anwesen, um Schlösser oder Prunkvillen. Es geht vielmehr um das kleine, bescheidene Häuschen mit kleinem Garten und dem Jägerzaun drumherum, oder um eine völlig zweckdienliche Eigentumswohnung mit ausreichend Platz für eine Familie ohne luxuriöse Erwartungen. Selbst bei dem Bereich Autos, wo man schnell an Sportwagen oder Edelkarossen denken könnte, wurden Modelle aus dem Luxus-Segment nur von einer geringen Anzahl der Befragten genannt.

Und bei den Reisen? Lediglich durchschnittlich fünf Prozent wünschten sich eine Weltreise oder einen Trip in exotische, ferne Länder. Aber das erreichbare, das bescheidene Ziel innerhalb Deutschlands und Europas erträumte sich das Gros der Umfrage-Teilnehmer.

Eines aber ist auffallend und bemerkenswert, wenn man sich die betreffenden Studien ansieht und dabei einmal versucht, zwischen den Zeilen und den Ergebnissen zu lesen. Der Drang nach Freiheit ist ungebrochen. Freizeit und Freiheit sind zwei Faktoren, die nicht nur vom Wortstamm, sondern auch von ihrer Bedeutung her zusammengehören. Die deutschen Frauen und Männer wünschen sich mehr frei zu sein – frei zu bestimmen, was sie mit ihrer Zeit anfangen. Damit sind freie Zeitgestaltung ebenso gemeint wie freie Zeiteinteilung, freie Wahl der Zeit. Alles das aber ergibt zusammen die Faktoren, die die Freiheit wesentlich prägen, wenn wir hier von der Freiheit der Gedanken und der Meinungsfreiheit einmal absehen. Das aber sollte in einer freien Gesellschaft ohnehin selbstverständlich sein.

Und wie sieht es bei Dir aus? Welche Ziele und Träume hast Du in Deinem Leben? Gibt es die überhaupt? Was erwartest Du – auch von Dir selbst? Jetzt sind Deine Ehrlichkeit und Selbstkritik gefragt. Wie frei bist Du? Wie zufrieden bist Du? Mit Dir und Deinem Leben, mit Deiner persönlichen Situation? Aber vor allem mit Deinem Beruf, Deinem Job und Deiner Karriere? Machst Du überhaupt Karriere oder stagnierst Du an Deinem Schreibtisch, an der Werkbank oder generell in Deinem beruflichen Umfeld? Geht es nicht wirklich voran oder siehst Du vielleicht sogar keine neuen, künftigen Perspektiven am beruflichen Horizont? Überlege einmal: Auf einer Skala von 1 bis 10 – wie zufrieden bist Du mit Deiner beruflichen Grundsituation? Du landest als Resümee bei einer 9 oder gar 10? Klasse, dann ist ja alles okay. Herzlichen Glückwunsch.

Denn davon träumen viele andere nur, was die oben genannten Umfragen deutlich machen. Du bist ein echter Glückspilz. Und dennoch – vielleicht geht ja noch mehr? Mehr Freiheit? Mehr Einkommen? Mehr innere Zufriedenheit? Wenn Du aber bei den unteren Werten auf der Skala landest, oha, dann ist die Zeit für Veränderung reif. Jetzt heißt es, etwas zu tun. Denn nur wenn Du etwas änderst, kann sich auch das Blatt zu Deinen Gunsten wenden. Von allein wird das sicherlich nicht passieren. Und die Situation aussitzen, nein, das kannst Du vergessen. Der Frust wird größer, die Lust geringer und an ein Vorwärtskommen ist dabei nicht zu denken.

 **Nur wenn Du aktiv wirst, dann kommst Du Deinen Sehnsüchten, Deinen Hoffnungen und Deinen Wünschen sowie Deinen Träumen näher. Raus aus der Passivität, rein in die Aktivität. Beginne zu handeln, zu agieren statt zu reagieren. Das ist das erforderliche Gebot der Stunde.**

Und da wären wir auch schon bei einer prekären Herausforderung: Denn viele berufliche Umfelder lassen es gar nicht erst zu, dass man sich selber auf seinem Weg nach oben voranbringt. Pünktliches Erscheinen und adrettes, gepflegtes Aussehen sollte eine Selbstverständlichkeit sein. Es ist aber sicher kein Grund für eine ansteigende Karriere. Überstunden werden oftmals ohnehin vom Chef oder der Unternehmensführung verlangt, wenn sie als notwendig gelten. Insofern lässt sich auch damit nur schwer bis gar nicht punkten. Da fragt man sich schnell, wie Du positiv auffallen möchtest, um in

Sachen Karriere auf Dich und Deine Performance aufmerksam zu machen? Die Fehlerquote weiter als auf „0" zu senken, geht nicht. Richtiger als richtig funktioniert eben nicht. Sich mehr Arbeit verschaffen? Wenn Du ohnehin alles an Pensum erledigst, was anfällt, dann sind Dir auch hierbei Grenzen gesetzt. Und wenn Dein Unternehmen, bei dem Du gerade vertraglich Deine Lebenszeit und Arbeitskraft gegen eine monatliche Geldsumme x tauschst, nun einmal Produkte herstellt oder Dienstleistungen verrichtet, die Dich nur wenig tangieren und die nur peripher das Glück der Menschheit beeinflussen – wenn überhaupt – dann wird es noch schwerer, sich mit Herzblut über alle Maßen hin zu engagieren. Denn Du tust ja letztendlich nur Dinge und erledigst Aufgaben und Arbeiten, die Dir fremdbestimmt aufgetragen wurden. Du bist das Ende der imperativen Befehlskette. Aber – all dies bringt Dich in Bezug auf Deine Leidenschaften, auf Deine Lebensziele und auf Deine Träume keinen Deut weiter. Stimmt's?

Kann es sein, dass Dir die Passion fehlt? Komm' bitte jetzt nicht mit dem Satz um die Ecke: „Das machen doch alle so …!" Denn diejenigen, „die das alle so machen", kommen in ihrem Leben ihren Wünschen nicht einen Schritt näher. Und von dem Erreichen ihrer Ziele wollen wir hier schon mal gar nicht sprechen, weil das schon an Utopie grenzt. Vergleiche das Leben mit einem Langstreckenlauf, der aus 100 Runden auf der Aschenbahn besteht. Diejenigen, „die das alle so machen", halten kaum bis zur 10. Runde durch und werden das Glücksgefühl niemals erleben, eine Ziellinie zu überqueren. Schade, denn möglich wäre es.

24

Halt! Lass jetzt bitte den Kopf nicht hängen. Wir haben Dir ja prophezeit, dass wir offen, ehrlich und schonungslos sind – also direkt und daher werden wir Dich auch nicht im Stich lassen, sondern Dir eine Lösung, ja, vielleicht sogar einen Königsweg anbieten. Aber Deine Selbstanalyse muss sein. Denn wenn Du keine Bilanz ziehst, aus all dem, was bisher gelaufen bzw. was nicht gelaufen ist, dann wirst Du auch nicht erkennen können, was zu ändern ist. Besser gesagt: Was Du ändern musst, um der Realisierung Deiner Wünsche näher zu kommen, um sie dann schließlich auch zu erreichen. Darum: Komm' einfach mit, wir machen zusammen einen Spaziergang durch Deine aktuelle Welt …

3. Alles Kopfsache – ein Spaziergang im Kopf

Man kann das Leben getrost in wenige Abschnitte teilen und danach sagen, dass dies für die Masse der Menschen so zutrifft – vielleicht bis auf die über 117 Millionen Frauen und Männer, die aktuell in der Network-Marketing-Industrie weltweit tätig sind. Für sie ticken die Lebensuhren anders, weil sie sich für einen anderen Rhythmus, nämlich ihren eigenen Zyklus, in dem sie selber den Takt vorgeben, entschieden haben. Aber ansonsten dürfen wir doch getrost von der Geburt an mit rund sechs Jahren Kindheit, Kindergarten und Spielerei ausgehen. Daran schließt sich die 8- bis 12-jährige Schulzeit und eine etwa 3- bis 6-jährige Ausbildung oder Studium an. Es folgen dann etwa 40 Jahre Beruf und Arbeitswelt und danach der Abschied in die Rentenzeit. Das war's. So schnell kann ein Leben rumgehen und zu Ende sein. Bist Du jetzt erstaunt oder gar geschockt? Warst Du Dir dessen vielleicht gar nicht bewusst? In all der Zeit lassen sich die meisten Menschen sagen, was sie zu tun, zu lassen, zu denken und zu machen haben. In den Kinder- und Jugendjahren sind es die Eltern, die uns (meist zu Recht) den Weg weisen und sagen, wo es wie langgeht. In der Schule sind es die Lehrer, die uns auch in der Ausbildung von der Berufsschule oder im Studium begleiten. Später dann im Job lassen uns die Vorgesetzten und die Chefs nach ihrer Pfeife tanzen. Und im Rentenalter? Na ja, ob das wirklich endlich die ersehnte Freiheit ist, sei doch einmal dahingestellt. Oft wird es dann zumindest finanziell so eng, dass von Freiheit keine Rede mehr sein kann. Oder die Gesundheit schränkt einen ein, der ärztliche Rat bzw. man beugt sich dann dem „lieben Frieden" zuliebe den Ansprüchen und Erwartungen anderer Familienmitglieder. Würde es nicht so furchtbar und sarkastisch zugleich klingen, ist eigentlich erst das Lebensende die wirkliche Freiheit. Doch ob man davon noch etwas hat? Wir wissen es nicht …

Aber mal ganz ehrlich: Willst Du so lange warten mit der Freiheit, dem Glück, der Zufriedenheit und dem Spaß? Sicher nicht. Doch bist Du nicht dennoch gerade mitten auf dem Weg diesen soeben skizzierten Pfad mitzugehen? Eingepackt und benebelt im und vom Mainstream. Ja, innerlich nickst Du und erkennst das Dilemma. Sehr gut, denn diese Selbsterkenntnis ist der beste Weg zur Besserung – und Änderung. Stelle also Deine aktuelle Lebens- und Einkommenssituation einmal schonungslos auf den Prüfstand. Wahrscheinlich bist Du angestellt in einem Unternehmen, oder gar kurz davor Deine

Berufsausbildung abzuschließen und dann ein Angestelltenverhältnis einzugehen, richtig? Und selbst wenn Du als Jungunternehmer gerade dabei bist ein Start-up aufzubauen, was ja eine Alternative wäre und Du damit zugleich eine große Ausnahme – wie frei, ungebunden und selbstbestimmt bist Du? Welchen Zwängen, Abhängigkeiten, Sorgen und welchen Regeln von anderen bist Du ausgeliefert? Daher dürfen wir hier getrost feststellen: Diesen eben skizzierten Weg, angestellt zu sein, gehen viele. Man könnte auch sagen: die meisten! Die Gefahr dabei ist aber, dass Du in einen extrem heimtückischen Kreislauf gerätst, aus dem es nur schwer wieder ein Entkommen gibt. Denn: Man begibt sich in eine gefährliche Abhängigkeit, aus der es nur sehr mühsam ein Entkommen gibt.

Wie macht denn ein Job abhängig, wirst Du Dich nun vielleicht fragen. Ganz einfach, indem Du einen Lebensrhythmus annimmst, der Dich in der Masse schwimmen lässt: Aufstehen – Badezimmer – erster Kaffee, ein Toast – per Auto durch den Verkehr zum Job quälen oder aber per öffentlichen Verkehrsmitteln mit Menschenmassen dicht gedrängt ins Büro hetzen – mit einer Stunde Mittagspause bis etwa 17 Uhr Dienst nach Vorschrift machen und dabei die Ziele anderer verfolgen, aber sicherlich nicht Deine eigenen – gestresst und genervt wieder die Heimreise per Auto oder Bahn/Bus antreten. Und dann folgen meistens noch die drei berühmten „F's": Fernsehen, Freizeit und Filzpantoffeln. Anschließend ins Bett, schlafen bis der Wecker am nächsten Morgen klingelt – und schon geht's wieder ins Badezimmer …

Du wirst von diesem sich immer gleich drehenden Karussell regelrecht eingelullt. Aber damit nicht genug. Dein Tauschgeschäft „Zeit gegen Geld" ist ja alles andere als attraktiv und lukrativ. Denn das, was Du an finanzieller Gegenleistung am Monatsende erhältst, ist ja in den meisten Fällen gerade soviel, dass Du über die Runden kommst. Und dann hast Du schon beinahe Glück gehabt, wenn der letzte Taler am Letzten eines Monats noch nicht aufgebraucht ist. Was aber folgt daraus? Du musst auch am nächsten Monatsersten wieder antreten, Deine nächsten vier Wochen ableisten. Denn Du brauchst ja wieder das kleine bisschen Geld aus Deinem Deal, der nicht wirklich zu Deinen Gunsten läuft. Und so geht es Monat für Monat und Jahr für Jahr.

Oh, oh, Du hast Dich mittlerweile schon selber ertappt und erkennst Dich in den Beschreibungen wieder. Sorry, aber wir sind noch nicht einmal fertig damit. Wir gehen noch ein bisschen weiter in Deinen Gedanken und in Deinem Kopf spazieren. Es liegt nämlich noch ein ganzes Stück des Weges vor uns.

Sicher, Du bist ein bescheidener Mensch, hast keine wirklich großen materiellen Ansprüche. Das ist durchaus okay. Aber auch wer keine großen Ansprüche besitzt, der hat vielleicht dennoch ein paar kleinere? Völlig normale Bedürfnisse. Schon fängt es hier und da an finanziell zu zwicken. Autsch! Kino? Theater? Leasing- oder Finanzierungsraten für einen Kleinwagen? Eine Wohnung im besseren Viertel mit einem Zimmer mehr oder gar mit Balkon? Beitrag für das Fitnessstudio? Ein neues Smartphone mit einem Vertrag für das neue Highspeed-Netz? Ein Abo für einen Streamingdienst wäre auch „nice to have", wenn da nicht schon die Gebühren für den Musikportaldienst wären?

Und nun? Ist Askese und schmerzhafter Dauerverzicht, ist devotes Duckmäusertum und lähmende Bescheidenheit bis zur beinahen Selbstaufgabe jetzt Deine Lösung? Man kann vieles ertragen, man kann vieles erdulden, aber warum, wenn es gar nicht nötig ist? Niemand gibt Dir eine Garantie, dass Du alle Wünsche, alle Deine Träume und alle Deine Hoffnungen erfüllt bekommst – sowohl die materiellen wie auch die ideellen.

Aber eine Garantie hast Du: Wenn Du nichts in Deinem Leben änderst, wirst Du alle Deine Sehnsüchte  **begraben können, weil Du sie Dir garantiert niemals leisten und erfüllen kannst! Diese Sicherheit, diese Garantie hilft Dir aber in keiner Weise weiter. Aber: Diese Gewährleistung offenbart Dir zumindest etwas: Network-Marketing könnte Deine Lösung aus der Misere sein. Dein bester, wahrscheinlichster und attraktivster Ausweg!**

Und der würde möglicherweise viele, vielleicht sogar alle der fundamentalen Lebensbereiche positiv betreffen, die im Leben eines Menschen die Basis seines Seins darstellen und die wir hier einmal zusammen mit Dir gemeinsam kritisch hinterfragen wollen. Zu diesen tragenden Säulen gehören die Bereiche Zeit, Geld, Beruf, Gesundheit, Familie und Dein eigenes

Ich, also Du als Person mit all Deinen Tugenden, Fähigkeiten, Vorlieben und Wesenszügen.

1. ZEIT:

Sie ist die einzig messbare Einheit, die Du in ihrem Fluss nicht beeinflussen kannst. Zeit ist fließend, vergänglich und dennoch unendlich. Aber Dir steht nur ein exakt definierter Abschnitt auf dieser Skala der Unendlichkeit zur Verfügung – nämlich von der Geburt bis zum Tod. Das Fatale daran aber ist, dass Du trotzdem nicht weißt, wie lange Du Zeit hast, ob es 50, 70, 90 oder 100 Jahre sein werden. Du kannst den Zeitraum von Dir aus nicht beeinflussen oder gar selbstbestimmend verlängern. Was Du aber kannst, ist, dafür zu sorgen, dass Du einerseits alle Möglichkeiten ausschöpfst, um so lang wie möglich auf Erden zu bleiben – z.B. durch eine gesunde Lebensweise. Und andererseits solltest Du daher auch die Zeit, die Dir zur Verfügung steht, so sinnvoll wie nur möglich nutzen. Und dies gelingt Dir in allererster Linie einmal dadurch, dass Du sie Dir nicht von anderen wegnehmen lässt. Echte Zeiträuber, die auf Deine Kosten und damit auf Deiner Zeit – oftmals auch auf Deinen Nerven – leben. Es sind meist diejenigen, die im Nehmen perfekt sind, im Geben aber kläglich versagen. Überlege einmal, wie sinnvoll, wertvoll und effektiv Du Deine 24 Stunden am Tag nutzt und vor allem für wen? Wenn Du diese Erkenntnis einmal Deinen Zielen gegenüberstellst – wieviel Zeit hast Du dann pro Tag darauf verwendet, um den von Dir gesteckten Zielen näherzukommen.

Dein Ziel ist der Grund, warum Du morgens aus dem Bett aufstehst. Dr. Jens Corssen, ein bekannter Psychologe, hat einmal gesagt: „Wenn Du Dich am Morgen dafür entscheidest aufzustehen, dann ist das ein Ja dazu, dass Du heute mitmachst. Du bist im Spiel und sagst Ja dazu und zwar mit voller Kraft. Das heißt, Deine Entscheidung heute mitzumachen, ist auch eine Entscheidung dafür, heute Dein Bestes zu geben. Das Beste, was Du hast und kannst. Sonst könntest Du auch getrost im Bett liegenbleiben. Also noch einmal: Wie sinnvoll nutzt Du jetzt den Tag? Gibst Du dann auch Dein Bestes? Und verfolgst Du konsequent Deine Ziele? Oder bist Du der Erfüllungsgehilfe anderer? Bist Du das Werkzeug, das andere benutzen, um ihren eigenen Erfolg, ihre eigenen Ziele zu erreichen?

Stelle Dir folgende Fragen:

- Wieviel Zeit nutze ich am Tag für mich und wie viel für andere?
- Wo/Wobei/Wofür lasse ich mir Zeit von anderen rauben?
- Vergeude ich Zeit für sinnlose Dinge?
- Wieviel Zeit will ich für meine Ziele investieren?
- Komme ich mit diesem Zeitinvest an mein Ziel?
- Wo muss ich beim Zeit-Management etwas ändern, um meine Ziele zu erreichen?

2. GELD:

Zuerst einmal ist Geld und der Besitz von Geld etwas Gutes. Gerade in Deutschland wird Geld oder gar Vermögen immer gern als etwas Negatives betrachtet, was mit Raffgier, Geiz und Selbstsucht gleichgesetzt wird. Ein klares Nein und ein deutliches Stopp an dieser Stelle. Geld gibt Dir die Möglichkeit der Freiheit, macht Dich unabhängig(er) und versetzt Dich in die Lage viel Gutes zu tun und zu bewirken. Darüber hinaus gibt es Dir Sicherheit, Schutz und ebenso die Chance auf Lebenskomfort. Alles Dinge, die Du mit Deiner Familie und anderen teilen kannst. Geld verdirbt den Charakter? Nein, das trifft nur auf Menschen zu, deren Charakter auch ohne Geld ohnehin verdorben wäre.

Stelle Dir folgende Fragen:

- Wieviel Geld brauchst Du wirklich, um finanziell entspannt zu leben?
- Hast Du dieses Level schon erreicht oder wieviel fehlt Dir noch dazu?
- Kennst Du dein finanzielles Sicherheitsbedürfnis überhaupt?
- Wann wärest Du denn überhaupt finanziell entspannt? Und wärest Du finanziell frei bzw. unabhängig? Wo liegt da für Dich die Grenze und der Unterschied?
- Wie wichtig sind Dir Statussymbole?
- Welche mit Geld käuflichen Werte sind Dir wichtig und warum hast Du sie noch nicht?
- Hast Du einen klar definierten Weg und ein ebensolches Ziel, um Deine Ideen zu realisieren? Wie realistisch sind sie?

3. BERUF:

Dein Beruf sollte Deine Leidenschaft sein, etwas, was Dich erfüllt, was Dir Freude bereitet und worin Du einen Sinn erkennst. In einem Job, zu dem Du nicht zu 100 Prozent stehst, wirst Du niemals Erfolg haben, weil es Dir an Motivation und Engagement mangelt. Wie sollst Du dies auch aufbringen, wenn Du eigentlich, vielleicht auch nur tief im Inneren, gar keine Lust auf das hast, was Du jeden Tag beruflich tust. Daher sollte auch für Dich gelten: Wenn Du Deiner Arbeit, Deinem Beruf nachgehst, dann mit vollem Enthusiasmus. Liebe, was Du tust und gib dabei alles. Das kannst Du, wenn Du Deinen Job liebst. Das ist zugleich die Grundvoraussetzung, um einer der Besten in diesem Beruf zu sein oder zu werden. Schwierigkeiten sind dann nur noch Herausforderungen, die Du gerne annimmst, weil Du Dich auf Dein Können und auf Dein Top-Niveau verlassen kannst. Das sind die vier Voraussetzungen, um wirklich erfolgreich zu werden: Wollen - Können - Machen - Lieben!

 **Stelle Dir folgende Fragen:**
- *Was zeichnet mich aus? Was sind meine Stärken?*
- *Setze ich die in meinem jetzigen Beruf ein?*
- *Erfüllt mich mein Job und bringt er mich meinen Zielen – auch finanziell – näher?*
- *Bin ich gut, in dem was ich gerade tue, oder könnte ich besser sein?*
- *Was fehlt mir in meinem Job? Wie befriedigend ist er?*
- *Wieviel Herausforderung brauche ich, um Top-Leistungen zu bringen?*
- *Bin ich motiviert? Was motiviert und wie motiviere ich mich?*
- *Was bin ich bereit zu leisten?*
- *Erhalte ich Anerkennung, werde ich gelobt?*
- *Welche Perspektiven bietet mein aktueller Job?*

- Hat mein Beruf Zukunft?
- Wie erfüllend ist mein Beruf und entspricht er meinen Stär-
ken? Oder muss ich täglich eher meine Schwächen umkurven?

4. GESUNDHEIT:

Nur in einem gesunden Körper wohnt auch ein gesunder Geist. Treffender als wie der römische Dichter Juvenal (60-140 n. Chr.) kann man es kaum ausdrücken. Denn Gesundheit ist unser höchstes Gut. Nicht umsonst ist der Wunsch danach bei allen Umfragen führend, nämlich möglichst lange gesund zu sein und es auch zu bleiben. Aber tust Du genug dafür? Gerade in Sachen Sport, Ernährung, Lebensstil? Gönnst Du dir, Deinem Geist und Deinem Körper auch mal eine Pause? Darum ist es immer wieder sinnvoll, sich in Bezug auf sein Wohlbefinden zu besinnen und selbstkritisch zu reflektieren, wenn es um Körperfitness und den Gesundheitszustand geht. Denn wenn Du Dir keine Zeit für Deinen Körper und für den Erhalt Deiner Gesundheit nimmst, dann wird sich Dein Körper irgendwann zwangsweise die nötige Zeit für das Kranksein nehmen!

 **Stelle Dir folgende Fragen:**
- Wie steht es um Deine sportlichen Aktivitäten? Bewegst Du Dich genug?
- Schläfst Du ausreichend?
- Wie steht es um Deine Ernährung? Isst Du regelmäßig und gesund?
- Nimmst Du regelmäßig Vorsorgeuntersuchungen beim Arzt in Anspruch?

- Gönnst Du Dir und Deinem Körper auch mal eine Pause oder bist Du in Dauer-Power-Action?
- Nimmst Du Dir mindestens einmal im Jahr Urlaub, um die „inneren Batterien" wieder aufzuladen?
- Hast Du den Blick für das Gute, das Positive? Denn „Schwarzseher" und negativ eingestellte Menschen werden statistisch öfter krank, oder neigen dazu öfter an Depressionen zu leiden.

5. FAMILIE & FREUNDE:

Partnerschaft, Familie und gute Freunde – sie alle sind das soziale Rückgrat eines Menschen. Denn wir sind keine Einzelgänger, sondern soziale Wesen, die Menschen und Mitmenschen um sich herum brauchen. Der Austausch im Gespräch ist dabei ebenso wichtig wie das Anvertrauen von Dingen, die man anderen erzählt. Soziale Kontakte sind ein Stück weit psychologische Notwendigkeit. Reale Kommunikation (also nicht nur stupides liken auf Social Media, oder Mail-oder Chat-Verkehr im Internet), zusammen lachen, diskutieren oder auch im Stillen Zweisamkeit mit dem/der Partner/in genießen, das alles sind Faktoren, aus denen Menschen Kraft und Energie schöpfen und die sie für eine innere Balance benötigen. Zugleich sind Sie aber auch die Grundlage für den Aufbau von privaten Netzwerken, getrost dem Motto: Da ist einer, der einen kennt, der einen kennt, der einen kennt …

 **Stelle Dir folgende Fragen:**
- Pflegst Du Dein privates Umfeld?
- Hältst Du auch Kontakt zu denjenigen, die Du

nicht alltäglich um Dich herum hast?
- Wie sehr weißt Du Deine Partnerschaft zu schätzen und wie sehr zeigst Du das dem anderen?
- Ist Deine Partnerschaft stabil und erfüllend?
- Wie gut kümmerst Du Dich um Deine Freunde?
- Triffst Du Sie regelmäßig?
- Gibt es Bekannte, wo Du den Kontakt mal wieder reaktivieren willst?
- Woran sind Freundschaften bei Dir zerbrochen?
- Baust Du permanent neue Kontakte und Bekanntschaften auf, dass daraus auch neue Freundschaften werden?

6. DEIN EIGENES ICH:

Eigentlich der wichtigste Faktor im Spiel – nämlich Du selbst. Denn ohne Dich geht gar nichts und es geht schon erst recht nichts voran. Auf Dich kommt es an und von Dir selber hängt alles im Leben ab. Es dreht sich um Deine Einstellung – zum Leben und zur Bereitschaft etwas ändern zu wollen. Wer nämlich erkennt, dass sich im Leben etwas verändern muss, der besitzt noch lange nicht die Kraft, den Mut und auch die Lust dazu, in dieser Hinsicht tätig und aktiv zu werden. Bist Du also ein Macher oder ein Erdulder? Der Macher bewegt sich und Dinge im Leben und verändert Abläufe, Prozesse, Zustände und Umstände so, dass er die Weichen immer mehr auf eine positive Zukunft stellt. So lange, bis er seinem Lebensideal immer näherkommt. Dieses Ideal definiert sich aus den Wünschen, Träumen und Hoffnungen eines jeden einzelnen. Heißt also: Man tut alles dafür, um in einem bestimmten Zeitraum es erreicht zu haben, so zu leben, wie man es sich wünscht.

Der Erdulder hingegen ist von Trägheit bestimmt und erträgt lieber seinen Ist-Zustand, der ihn jedoch keinesfalls befriedigt, als sich aufzuraffen und die nötige Energie einzusetzen, das zu ändern, was geändert werden muss. Selbst, wenn er die Notwendigkeit zur Änderung selbst erkannt hat.

 **Stelle Dir folgende Fragen:**
- Wie sehr kannst Du Dich auf Dich verlassen?
- Hältst Du selbst gefasst Vorsätze ein oder eher nicht?
- Hast Du feste, definierte Ziele und wie hartnäckig verfolgst Du sie?
- Würdest Du von Dir behaupten Disziplin zu haben?
- Wie wichtig sind Dir Regeln, das Einhalten von Zusagen und Berechenbarkeit?
- Bist Du spontan und begeisterungsfähig?
- Ist bei Dir das Glas Wasser eher halb voll oder halb leer?

So wirklich einfach waren viele Fragen nicht zu beantworten. Vor allem, wenn es darum ging, ehrlich gegen sich selber zu sein. Das fällt nicht immer leicht, weil man sich bei so mancher Antwort selbst ertappt und dabei denkt: „Verflixt, erwischt, so kompromisslos habe ich das ja noch nie gesehen …!" Aber zugleich ist es wichtig sich einmal selber quasi unter die Lupe zu nehmen. Denn nur wer sich kennt und wer weiß, wie er selber innerlich tickt, der kann dann auch entsprechend mit sich und seinen Tugenden umgehen, wenn es darum geht, etwas im Leben zu verändern.

Wenn Du herausgefunden hast, was Dir im Leben wirklich, wirklich wichtig ist, dann weißt Du nach Deinen gegebenen Antworten auch, wo Du stehst und was zu tun ist, um das Ziel zu erreichen.

 **Aber bedenke: Es genügt nicht, im Leben etwas ändern zu wollen und es dann auch zu ändern. Du musst anschließend das Geänderte auch leben! Das erst ist der wahrhaft finale, konsequente Schritt in die richtige Richtung.**

Aber um das zu erleben, ist es insbesondere notwendig die Gewohnheiten zu ändern. Sie sind der Schlüssel dazu, Vorsätze in die Realität umzusetzen und Veränderungen anzugehen. Du willst raus aus dem „Täglich-grüßt-das-Murmeltier-Kreislauf", der Dir jeden Tag die gleichen Abläufe, die gleichen Erlebnisse und damit auch die gleichen Resultate liefert? Ein Kreislauf, der Dich nicht ein winziges Stück näher an Deine wirklichen Ziele wie Freiheit, Wohlstand oder Selbstbestimmung bringt?

US-Verhaltensforscher der Georgetown-University in Washington DC haben mittels Studien in einer Langzeitstudie herausgefunden, dass bis zu 50 Prozent unseres täglichen Handelns reine Gewohnheit ist. Das fängt morgens mit dem Zähneputzen an und endet abends mit der gewohnten Einschlafposition. Es sind Abläufe, die wir automatisch wie ferngesteuert durchführen, ohne sie wirklich bewusst zu tun. Wir geben keine innere Zustimmung zu diesen Aktivitäten, sondern wir machen es einfach, ohne darüber auch nur eine Millisekunde nachzudenken. Wenn uns also aber Gewohnheiten so sehr bestimmen, dann können wir auch nur etwas in unserem Leben verändern, wenn wir unsere Gewohnheiten, unsere Automatismen ändern. Denn diese reflexartigen Verhaltensweisen führen und steuern uns durch den Tag. Dabei gilt es, nicht alle, aber einige von ihnen zu verändern. Denn immerhin erleichtern Gewohnheiten zugleich Dein Leben im hohen Maße. Ohne sie wäre das Gehirn von den vielen, vielen Details des Alltags überfordert. Und durch sie spart es große Mengen an Energie ein. Andererseits ist dieser Trick des Energiesparens genau der, der es so schwer macht, Dein Verhalten zu ändern. Denn es ist anstrengend, etwas Neues oder etwas Anderes als wie bisher gewohnt zu machen. Wenn es also nicht sein muss, entscheidest Du Dich daher in den meisten Fällen für die „gute", alte Gewohnheit". Der Trick dabei ist, dass Du die Veränderung oder den geänderten Zustand, den geänderten Ablauf zu Deiner neuen Gewohnheit machst.

 **Wie? Das ist gar nicht so schwer. Die alles entscheidende Frage ist immer das Warum? Darauf musst Du die Antwort finden und schon hast Du den Grund für Deine Veränderung.**

Dieser Grund ist auch die Notwendigkeit und zu guter Letzt die Antwort auf die Frage: Warum Du morgens aus dem Bett steigst und beim täglichen Spiel des Lebens mitmachst. Wenn Du also durch Network-Marketing mehr Freiheit in Deinem Leben haben möchtest, wenn Du mehr Geld als bisher durch dieses Geschäft verdienen willst, wenn Du Dein bisheriges Berufsleben komplett verändern willst, wenn Du statt fremd- ab sofort eigenbestimmt sein willst – dann musst Du wissen, warum Du das willst!

 **Wer sein WARUM findet, hat die Motivation Dinge nachhaltig zu verändern!**

Warum willst Du mehr Geld als bisher verdienen? Warum willst Du raus aus Deinem bisherigen Job? Warum willst Du mehr Freiheit genießen? Warum willst Du Deinen bisherigen Tagesablauf verändern? Warum willst Du vielleicht mehr Freizeit für die Familie haben? Nur wenn Du diese Fragen für Dich klar beantworten kannst, erkennst Du die Gründe für Dein geändertes Tun und Verhalten. Diese Antworten zeigen Dir Dein Warum! Und genau sie sind der wertvolle Impuls, der antreibende Anreiz, der Dich verändert handeln lässt. Dieser innere Motor ist aber auch Deine Motivation, Deine Energie, die Dich antreibt zu handeln. Diese Antwort auf Dein Warum pusht Dich, ab sofort Dinge anders zu machen, als wie Du sie gewohnt warst und sie liefert Dir das Durchhaltevermögen mit, es von nun an immer anders als bisher zu tun – was auch immer Dein Warum ist.

Um Dir das „neue Tun" in der Umsetzung noch mehr zu er- leichtern, kannst Du Dich zusätzlich selber mit Anreizen ver- sorgen. Gerade im Bereich Network-Marketing ist das eine

40

äußerst hilfreiche Unterstützung. Du willst morgens ab sofort immer eine Runde Joggen? Dann stelle Laufschuhe neben Dein Bett und lege Dein Sport-Outfit daneben, damit Du beim Aufstehen als Allererstes weißt, was zu tun ist. Denn: Dadurch wird der Impuls, „Kleidung anziehen und Laufen gehen", ausgelöst. Und du wirst das mit hoher Wahrscheinlichkeit tatsächlich tun. Du siehst: Diese Kopplung von Verhaltensweisen an bestimmte Situationen, Abläufe oder Aussagen, kannst Du gut für Deine Zwecke einsetzen. Du kannst sie für den Aufbau starker neuer Gewohnheiten nutzen.

 **Deine Einstellung zum Leben beeinflusst maßgeblich auch Dein Verhalten. Daher gilt das Motto: Wer es schafft, sein Verhalten zu ändern, der verändert auch sein Denken. Wer es schafft, sein Denken zu ändern, bei dem ändert sich das Verhalten ebenso!**

Dieser Satz macht deutlich: Nach Check-up Deiner sechs Lebensbereiche von der Gesundheit über den Beruf bis hin zu Dir selbst ist Dir klar geworden, dass Du einiges an Dir und in Deinem Leben verändern willst. Schlüssel dazu ist es, Dein Warum zu finden, zu erkennen und klar zu definieren. Ob Du nun beginnst, Dein Verhalten oder Dein Denken zu ändern – das spielt keine Rolle. Wichtig aber ist, dass Du anfangen musst, an einem dieser beiden Faktoren zu arbeiten, weil aus dem einen die Veränderung des anderen folgt. Fange also an, heute noch step by step …

4. Frei sein für das Leben oder leben für den „Frei-Tag"?

Bequemlichkeit ist auch ein Stück weit eine Triebfeder der Menschheit. Es steckt in uns, dass wir es lieben, es uns immer bequemer zu machen und uns mehr und mehr in die Komfortzone zurückziehen. Bequemlichkeit ist ebenso ein Verhaltensmuster, dass die Menschen kreativ gemacht hat. Mehr Gemütlichkeit, weniger Mühe, weniger Anstrengungen – um dies zu erreichen, haben sich Ingenieure den Kopf zerbrochen, mit welchen Erfindungen sie uns den Alltag erleichtern können. Musste früher die Wäsche auf dem Waschbrett mühsam hin- und hergerubbelt werden, kostete dies körperliche Kraft. Da war die Waschmaschine doch eine segensreiche Erfindung, die das Leben leichter macht. Klappe auf, Wäsche rein, die richtigen Knöpfe drücken und los geht's – fertig. Noch deutlicher wird es, wenn man Eischnee oder Sahne steif schlagen will. Hast Du das einmal mit einem Schneebesen oder gar mit einer Gabel probiert. Versuche es einmal. Du wirst schnell merken, wie Du einen lahmen Arm bekommst und Du Dir beinahe sehnlichst einen elektrischen Handmixer herbeiwünschst. Aber viele unserer Großeltern kannten diesen Luxus nicht, weil es ihn noch nicht gab. Sie mussten unter Einsatz der körperlichen Schlagkraft diese Küchenarbeit bewältigen. Heute gibt es sogar schon Küchenmaschinen, wo alle benötigten Zutaten eingefüllt werden und das Gerät erledigt den Rest. Selbst Kochen ist heutzutage im Multifunktions-Küchenapparat keine Kunst oder kein ehrliches Handwerk mehr. Per Knopfdruck wird – wie bei einem Kaffeevollautomaten – das fertige Gericht oder die perfekte Tasse Kaffee geliefert. Und das alles nimmt kein

Ende. Wenn es um die Bequemlichkeit geht, ist die Menschheit schier grenzenlos erfinderisch. Wer keine Lust auf Kochen hat, für denjenigen wurden Restaurants erfunden. Wenn's schneller gehen sollte, dann ging es ab ins Fast-Food-Restaurant. Und wer die heimische Atmosphäre vermisste, der nahm sich künftig das fertige Essen „to go" mit nach Hause. Bald musste man auch nicht mehr aus dem Auto aussteigen, denn die Bestellungen und die Ausgabe der Ware erfolgte vom Auto aus am „Drive thru"-Schalter. Und als ob das noch nicht bequem genug ist: Seit einigen Jahren gibt es nun auch die Lieferservices, die einem das „schnelle Essen" sogar noch an die Haustür vorbeibringen. Nur kauen und schlucken müssen wir noch selber – noch …

Ist es da verwunderlich, dass Bequemlichkeit einen hohen und einen immer höheren Stellenwert in unserem Leben einnehmen? Wir machen nicht, sondern lassen machen, oder wir werden gemacht – und dabei zeigt die Trendkurve klar nach oben. Wir verändern uns von der Aktivität zunehmend in die Phase der Passivität. Alles, was Arbeit, Mühe, Anstrengung, ja sogar nur Eigenaktivität und Eigeninitiative erfordert, versuchen wir mehr und mehr zu vermeiden. Und dabei vergessen wir ebenso zunehmend unsere eigene Identität. Das soll nicht heißen, dass Erfindungen, die uns das Leben erleichtern, negativ sind, ganz im Gegenteil. Aber wie viel Antrieb geht einem dabei verloren? Es ist, als ob wir ständig vor der Entscheidung stehen würden, ob wir für beispielsweise 50 Meter zum Briefkasten das Auto oder das Fahrrad nehmen, oder doch sogar zu Fuß gehen. Alle drei Möglichkeiten sind machbar, aber nicht alle machen wirklich Sinn. Und bei genauerer Betrachtung ist es in unserem Leben, und vor allem in unserem Berufsleben, doch auch so.

Einen Job für andere zu machen, ist natürlich bequemer, als sich selbst einen Job zu kreieren, indem man ein Geschäft aufbaut. Das hat nichts mit einer arroganten Bewertung zu tun, sondern ist schlicht und einfach eine Tatsache. Auf der einen Seite bekommst Du eine Arbeit angeboten, bei der jemand anderes das Unternehmen initiiert hat. Er hat eine Geschäftsidee gehabt, hat die Firma gegründet, hat Kapital investiert und viele, viele Hürden übersprungen. Und jetzt gibt es einen kleinen Teil an Arbeit, der nur ein Stück eines kompletten Vorgangs oder ein Teil eines ganzen Prozesses ist, den Du übernehmen und erledigen sollst. Arbeit, die der „Anbieter" entweder nicht (mehr) selber machen will, oder nicht selber machen kann. Andererseits bekommst Du dafür, dass Du nun diese Aufgabe übernimmst, einen fest an Höhe definierten Betrag an Geld in Aussicht gestellt. Ja, mehr ist es zu Beginn nicht. Eine Inaussichtstellung! Denn in 99 Prozent aller Fälle erhältst Du Dein Gehalt, Deinen Lohn oder Deinen Verdienst immer erst nachdem Du die Arbeit erledigt hast. Das bedeutet: Du gehst in Vorleistung. Ist die Unternehmung insolvent, oder kann aus irgendeinem anderen Grund nicht zahlen, dann gehst Du – trotz aller Ansprüche – leer aus. Aber: Trotz des eben dargestellten Risikos, ist es doch einfach und bequem, für jemanden anderen zu arbeiten. Denn Du hast nicht erst eine Firma gründen müssen, hast keine Geschäftsidee entwickelt und musstest Dich nicht im Markt behaupten. Auch musstest Du keine Strukturen und Prozesse erschaffen und keine Investitionen tätigen, um später daraus Gewinne zu erzielen. Insofern ist Deine Arbeit für andere unter dem Strich eine recht bequeme Sache. Stelle vakant – beworben – Job bekommen – Geld verdient.

Das große Manko dabei: Du hast in jeglicher Hinsicht keinerlei Spielraum, sondern musst Dich den Bedingungen des Job-Anbieters unterwerfen. Du bist schlicht und einfach fremdbestimmt. Dabei hast Du eigentlich nur eine Wahlmöglichkeit: Du kannst ja oder nein zum Job sagen, alles andere wird Dir vorgegeben. Wann die Arbeit beginnt und wann sie aufhört, wann Du Pause machen darfst (nicht kannst!), wo Du arbeitest, wie Dein Arbeitsplatz aussieht und mit welchen Geräten und Arbeitsmitteln er ausgestattet ist. Du hast zudem keinerlei Einfluss auf die Wahl Deiner Kollegen und Du hast auch keine Entscheidungsfreiheit, wie Du arbeitest und was Du arbeitest. Das also heißt: Wenn Du am Montag beginnst, sind Deine Gedanken meist schon beim nächsten Freitag, dem Tag, an dem Du für das Wochenende in die Freiheit von zwei freien Tagen entlassen wirst.

Zwei Tage an denen Du Dein Leben selbst in die Hand nehmen kannst. Das sind 2 x 24 Stunden, die Du eigenständig gestalten darfst, in denen Du die Strippen des Lebens in der eigenen Hand hältst, bevor Du sie dann am Montagmorgen wieder an der Pforte des Unternehmens abgibst und Du die nächste Woche erneut als eine Marionette Dein Leben lebst. Ein Leben, bei dem eben andere die Strippen ziehen. Selbst Deine Träume, all das, was Du Dir vom Leben vielleicht einmal versprochen hast, geraten in Vergessenheit oder werden vom Alltagstrott regelrecht zugedeckt. Die nicht transparente „Decke der Gewohnheit" legt sich darüber. Dir bleibt nur ein Trost, und der hält Dich wahrscheinlich aufrecht: Mit 65 Jahren, der Zeitpunkt, wo die Arbeit endet und das „goldene Rentenalter" beginnt, legst Du los. Da wird alles anders. Dann soll es soweit sein, dass Du Dir Deine langersehnten Wünsche erfüllst und Träume wahr werden.

Na klar, jetzt wirst Du endlich die so oft ersehnte Motorradtour über die Route 66 mit Ziel Kalifornien machen. Die Karibikkreuzfahrt wird stattfinden und endlich wirst Du Deine Villa mit Pool haben. Winterurlaub und heftig-ausgelassener Après-Ski? Na selbstverständlich, jetzt ist es soweit und das Abenteuer Fallschirmspringen wird nun auch noch gemacht – Haken dran. Zeit, den Porsche aus der Garage zu holen, das Dach nach hinten fahren und anschließend gemütlich eine Runde in der Sonne „cruisen". Geld spielt ja plötzlich keine Rolle mehr. Im Alter von 65 Jahren und nach über 40 Jahren Arbeit für andere wird davon sicherlich genug da sein. Ganz bestimmt, Dein Konto droht dann nahezu wegen Überfüllung überzulaufen … Stopp! Purer Sarkasmus. Oder glaubst Du das wirklich?

Nein, diese Vorstellung platzt wie eine Seifenblase. Daraus wird niemals Realität werden, weil es pure Utopie ist. Da ist der reine Wunsch, der Vater des Gedankens. Genau deshalb musst Du Dich nämlich auch irgendwann einmal entscheiden:

 **Lebst Du für den „Frei-Tag" in der Woche, oder bist Du viel mehr irgendwann einmal frei für das Leben? Diese Wahl hast Du – und zwar immer.**

Denn es steht Dir jederzeit frei zu sagen: Ich will nicht mehr! Ich breche aus diesem Kreislauf aus, bei dem am Ende nur eine Erkenntnis als Resultat herauskommen wird: Du warst zu sehr in diesem Kreislauf verhaftet und warst zu guter Letzt zu sehr mit Dir und der Bequemlichkeit der täglichen „Fremd-Arbeits-Erfüllung" beschäftigt, dass Du für die wirklich wichtigen und essenziellen Dinge des Lebens gar keine Zeit gehabt hast. Noch weniger Zeit ist Dir dafür geblieben, Dich um Dich selbst und um die wertvollen, fundamentalen Bereiche Deines Lebens zu kümmern. Du kommst vielleicht höchstens an Dein Minimalziel heran – nämlich mit 65 Jahren an den Eintritt ins Rentenalter. Herzlichen Glückwunsch, aber rosige Zeiten sehen anders aus.

Was das mit Network-Marketing zu tun hat? Sehr viel – denn das ist eine Alternative, wahrscheinlich sogar Deine. Es ist die Ausfahrt aus dem fatalen Kreislauf, die Dich die Spur wechseln lässt und die Dich bestens justiert zum Ziel bringen wird. Nämlich zur Realisierung Deiner Wünsche, Träume und Hoffnungen. Diese moderne, aufregende Geschäftswelt bietet Dir die Ausstiegsmöglichkeiten, die Du suchst, damit Du dem zuvor dargestellten fatalen Kreislauf endlich entrinnen kannst. Wie es mit Dir weitergehen würde, wenn es ganz normal so weitergeht wie bisher, das hast Du soeben gelesen. Und es hat Dich wahrscheinlich erschüttert. Eventuell hast Du es sogar vor Deinem geistigen Auge live erlebt, hast gespürt, wie sich die Kurve der Lebensqualität dramatisch mehr und mehr nach unten geneigt hat. Und Du weißt jetzt: Das ist nicht Dein Leben! So vorhersehbar soll es nicht sein und werden. Vor allem ist Dir klargeworden, dass Freiheit nicht und durch nichts ersetzbar ist. Aber um diese Freiheit und das behagliche Gefühl der Unabhängigkeit zu erleben, zu spüren und zu genießen, darfst Du nicht mehr länger ein Gefangener von fremdbestimmter Arbeit sein.

 **Du musst die volle Verantwortung für Dich und Dein Tun übernehmen. Wie? Indem Du Dich von den Fesseln der Fremdbestimmung befreist und darüber hinaus nicht in die Falle der Systeme tappst …**

5. In der Falle der Systeme

Deutschland ist das pure Schlaraffenland. Das Land, wo Milch und Honig fließen und die gebratenen Hähnchen einem in den Mund fliegen. Hier regnet es Gold vom Himmel, Geld wächst an den Bäumen und der Wohlstand für alle steht vor der Tür. In Deutschland musst Du Dich um nichts kümmern, hier passiert alles Gute von ganz allein…

Stimmt zwar nicht, wird aber immer wieder erzählt. Und Millionen, wahrscheinlich sogar Milliarden Menschen in aller Welt glauben das sogar. Eine GfK-Studie aus dem Jahr 2017 macht es deutlich: Deutschland belegt den ersten Platz als das beliebteste Land weltweit. Ganz wichtige Indikatoren für dieses Voting beim „Anholt-GfK Nation Brands Index" sind die Bereiche „Politik-Regierung-Soziales". Aber wie immer ist es auch in diesem Fall so: Wahrnehmung und Wahrheit sind zwei paar Schuhe, die nicht immer wirklich zusammenpassen.

Denn in Deutschlands Sozialsystemen ist fast alles möglich: sie sind allgegenwärtig, verpflichtend, bedingt absichernd, nahezu betäubend und für Sozialschmarotzer ein Paradies. Aber eines sind sie nicht: sicher und schon gar nicht zukunftssicher. Denn allen Behauptungen der Politiker zum Trotz: Die Systeme sind veraltet und vor allem geht ihnen das Geld aus.

Der deutsche Spitzen-Ökonom Daniel Stelter hat es in seinem Buch „Das Märchen vom reichen Deutschland" sehr deutlich gemacht. Die Deutschen verdienen viel, haben recht hohe Einkommen, aber sie haben nichts davon, weil ihnen vom Verdienst nichts bleibt, um Wohlstand und Vermögen aufzubauen. Der Grund dafür: Der Staat nimmt ihnen alles weg, um seine maroden Systeme am Leben zu erhalten und darüber hinaus investiert Deutschland viel zu wenig in die Zukunft. Vor allem in eine Zukunft, die sich diesen gigantischen Wohlfahrtsstaat und die immer neuen Versprechungen der Politiker noch leisten kann. Denn was macht die Politik? Sie erkauft sich mit Wahlversprechen Stimmen an den Wahlurnen. Diese Versprechen sind aber Geschenke, die nicht einmalig sind, sondern die auch ab Verabschiedung künftig gelten und somit für alle Zukunft Kosten verursachen. Aber um diese Kosten künftig auch zu erwirtschaften, wird nicht genug an der Zukunft des Landes gearbeitet – geschweige denn investiert.

„Wir müssen endlich zuerst daran denken, den Kuchen größer zu machen, bevor wir ihn verteilen. Und das ist das Problem. Seit über zehn Jahren verfolgen wir in Deutschland die Politik des Kuchenverteilens. Das führt aber dazu, dass der Kuchen immer kleiner wird, denn wir sind nicht auf die Zukunft ausgerichtet. Und gleichzeitig laufen wir mit stolzgeschwellter Brust durch die Gegend und sagen, wir müssen allen helfen …!", erklärt Stelter in einem Interview mit Focus Online vom 19.2.2019. Weiter macht er darin deutlich (Zitat): „… Der Staat greift Menschen mit normalen Einkommen brutal in die Tasche, was Steuern und Abgaben betrifft. Wir haben die zweithöchsten Abgaben laut OECD nach Belgien. Diese Leute sind gefrustet, weil sie alles finanzieren müssen und aus eigenem Einkommen eigentlich kein Vermögen bilden können. Der Staat nimmt ihnen alles weg. Und was passiert mit den ganzen Einnahmen? Die Regierung hat seit 2008 in Summe 280 Milliarden zusätzlich ausgegeben. Dazu kommen 136 Milliarden Zinsersparnis und 46 Milliarden Euro, die für Arbeitslosigkeit oder Hartz IV weniger ausgegeben wurden. Das macht seit 2008 eine freie Verfügungsmasse von 460 Milliarden Euro, aber nur 50 Milliarden davon wurden in die Zukunft investiert. Viel zu wenig, um den Rückstau aufzuholen …!" (Zitat Ende)

Wer also Teil des Systems ist, seinen Beitrag leistet und sich künftig auch weiter darauf verlässt, der sollte sich nicht wundern, wenn er am Ende verlassen ist – vom System und von allen guten Geistern. Na, wird Dir auch gerade etwas mulmig zu Mute? Ein Blick auf Deine Abrechnung oder auf Deinen Lohnzettel genügt und sollte Dir deutlich machen, wohin Dein ach so schwer verdientes Geld am Monatsende hinfließt. In viele Richtungen und Kanäle, nur nicht zu Dir selber. Natürlich müssen wir alle Steuern zahlen, und das ist auch gut so. Denn Steuern sind der jeweils individuelle Beitrag des Einzelnen an die Gemeinschaft für die Gemeinschaft und darüber hinaus für eine sozial-gerechte Gesellschaft. Aber bei den automatisch abgeführten Leistungen in die maroden „Pflicht-Versorgungs- und Sicherungssysteme", zu denen jeder Arbeitnehmer gezwungen wird, sieht es schon anders aus. Und schon bist Du ein Teil eines Kreislaufs, der Dich wie einen Sog nach unten zieht. Du zahlst immens hohe Beträge und Beiträge, bekommst aber am Ende des Tages selber kaum oder viel zu wenig wieder heraus. Du musst sogar mit der Sorge leben, dass es mit dem System schon zu Ende sein kann, bevor Du an der Reihe bist und Du selber Deine Ernte einfahren kannst.

Das sieht natürlich anders aus, wenn Du die finanziellen Mittel hast, um aus diesem System-Wahnsinn auszusteigen. Ja, dann liegt Dir die freie Welt zu Füßen. Wenn Du zu denen gehörst, die es sich leisten können, den Blinker zu setzen und rechtzeitig abzubiegen, weil sie halt so gut verdienen, dass sie dieses „Spiel des Verlierens" nicht mehr mitspielen müssen, dann scheint für Dich die Sonne nochmal viel heller. Das deutsche Sozialsystem hat der berühmte US-Ökonom Robert Glenn Hubbard einst mit einem Aquarium beschrieben. Wer sich darin als Fisch aufhält, hat alle Möglichkeiten – aber diese sind eben limitiert. Man kann nämlich bis zur Wasseroberfläche aufsteigen und sich so vom Rest der Aquariumbewohner sichtbar absetzen. Man kann aber auch im Gegenzug wiederum nur bis auf den weichen Grund fallen. Tiefer geht es nicht. Diese Grenzen kennt beispielsweise das amerikanische System und viele andere in der Welt so nicht. Hier kann jeder weit über den Wasserspiegel hinausschießen und nach oben emporsteigen. Und wenn die Luft zu dünn wird, dann kann es auch tiefer als tief abwärts gehen.

Was hältst Du aber von einer Möglichkeit, die Dir die Chance bietet, dass Du bis hoch an die Spitze kommen kannst? Ganz, ganz weit nach oben, soweit hoch, wie es für einen Angestellten absolut unmöglich ist? Wäre das nicht wunderbar? Aber dieses System bietet Dir zudem auch Schutz, Sicherheiten und lässt Dich nicht fallen. Du vermutest es schon und Du hast Recht: Die Rede ist von Network-Marketing.

 **Ein Katapult in Sachen Erfolg, Selbstverwirklichung, Freiheit – individuelle und finanzielle, Lebensfreude und Lebensgenuss. Wobei Du aber stets die Fäden in der Hand hältst und sie nicht anderen überlässt.**

Du bestimmst Deinen Weg, der sich dabei an Deinem Ziel orientiert. Ein Ziel, dass Du selber definiert hast, weil es das ist, was Du vom Leben erwartest. Hier werden Deine Wünsche und Träume offensichtlich. Dieses System bietet Dir die Möglichkeit auszusteigen, vor allem noch rechtzeitig auszusteigen. Raus aus den staatlichen Systemen und rein in lohnende, wirtschaftliche, finanziell attraktive – halt in solche, die nur denjenigen zur Verfügung und offenstehen, die sich diese Freiheit auch leisten können. Und dabei ist nicht eine spröde „Beitragsbemessungsgrenze", wie sie im finanz-steuerlichen Jargon heißt, gemeint. Nur wer über diese Grenze hinaus verdient, darf z.B. überhaupt erst in eine Privatversicherung wechseln. Was ist das für eine Freiheit? Wenn man aber im Gegenzug bedenkt, dass das Durchschnittseinkommen der Deutschen bei 35.000 Euro pro Jahr liegt, das sind 2.916,66 im Monat (*Stand März 2019*), ist es in Sachen Verdienst ein ganz schön großer Schritt, um jemals in den Genuss der Freiheit zu gelangen, um selbst zu bestimmen, wie und wie gut man sich versichern möchte. Wer hingegen aber pro Monat mit 4583,33 Euro nach Hause kommt, was nun alles andere als wirklich viel ist, der gilt in Deutschland und vor allem beim Finanzamt schon als Spitzenverdiener. Verrückt? Keineswegs, denn multipliziert man diesen Monatsverdienst mal 12 Monate, ergibt dies die Summe von 55.000 Euro Jahreseinkommen. Und genau ab dann gilt in Deutschland der Spitzensteuersatz von 42 Prozent (*Stand März 2019*), den sogenannte Spitzenverdiener mit Top-Einkommen zahlen müssen. Wer aber in Hamburg, Berlin, München Stuttgart oder Potsdam wohnt, der wird merken, dass er als Spitzenverdiener in diesen Städten gar nicht so spitze ist. Allein wenn es darum geht, adäquaten Wohnraum zu ergattern, wird man mit diesem Einkommen keine wirklich große Auswahl angeboten bekommen und schon ist der Nimbus „Top-Verdiener" nichts mehr wert.

Alles Probleme und Herausforderungen, die Du durch Network-Marketing nahezu mit einem Handstreich beiseiteschieben könntest. Nicht falsch verstehen: Geschenkt bekommst Du hier nichts. Aber Du hast die Chance, die Dinge in eine andere Bahn laufen zu lassen. Nämlich in Deine Richtung. Denn Du kannst die Zeit der Arbeit motiviert und mit Deinem Engagement gefüllt zum Erreichen Deiner Ziele nutzen.

 **Network-Marketing macht Dich zum Erfüller Deiner Träume und nicht zum Erfüllungsgehilfen von anderen!**

Du bestimmst Tempo, Intensität, Größe, Kraft und Spirit. Und dies mit einem großartigen Team in einer Team-Company. Denn Du entscheidest ja dabei, mit wem Du arbeitest, mit welcher Partner-Company Du arbeitest und damit auch mit welchem Produkt Du arbeitest. Dies zusammen eröffnet Dir ungeahnte Möglichkeiten in Bezug auf Karriere, Erfolg, Freiheit und Einkommen. Und Letztgenanntes ist dann für Dich das Ticket in die Freiheit, um die maroden, staatlichen und fesselnden Pflichtsysteme verlassen zu dürfen. Mehr ist eben mehr! Denn mit mehr Einkommen kannst Du auch mehr selber bestimmen und mehr selber entscheiden, ohne eine staatliche Vormundschaft oder Bevormundung. Bist Du erst einmal raus aus den „Fallen der Systeme", die Dich unten halten und Dir erheblich mehr nehmen als sie Dir jemals geben werden, hast Du die große Auswahl. Du kannst Dich absichern und versichern, wie und wo Du willst. Angebote gibt es genug. Nun kannst Du über Deine Altersvorsorge selber entscheiden und die Variante wählen, die Dir eine gute bis sehr gute Rendite verspricht – von Aktien über Fonds, Investitionen in Sachwerten, Gold oder Immobilienbesitz. Und das ist noch lange nicht alles. Das kann jemand mit 35.000 Euro doch auch, wirst Du jetzt vielleicht denken. Und Du hast Recht – aber nur in der Theorie. Denn wie soll jemand mit 2.000 oder 3.000 Euro im Monat Miete, Familie, Auto und sein Leben bezahlen, und darüber hinaus noch einen Betrag übrig behalten, den er anlegt und für die Zukunft spart? Es bleibt ja nichts mehr übrig. Du kennst dieses Dilemma doch selber zur Genüge.

 **Der Weg hinaus ist der Weg hinein – raus aus den Systemen, rein in die Freiheit und die heißt natürlich Network-Marketing!**

6. Lebst Du oder wirst Du gelebt?

Stimmt, diese Überschrift ist eine sehr provokative, fast schon eine gemeine Frage. Es geht dabei vor allem darum, wie aktiv Du bist oder wie passiv. Agierst Du oder reagierst Du? Setzt Du Impulse im Leben, oder spürst Du die Impulse anderer nur an Dir selbst? Bestimmst Du Deinen Weg selber, oder lässt Du ihn Dir von anderen vorgeben und trabst stumpf hinterher? Nahezu brutal auf den Punkt gebracht, könnte man Dich auch fragen: „Lebst Du Dein eigenes Leben oder das von anderen?" Hoppla, wirst Du jetzt sagen, natürlich lebe ich mein eigenes Leben, welches denn sonst? Sei Dir da mal nicht so sicher. So einfach ist die Antwort nicht. Denn sie macht deutlich, ob Du erfolgreich und glücklich im Leben bist, oder eher lebst, aber ohne klares Bewusstsein, wohin Dich Dein Leben führen soll. Vielleicht existierst Du ja nur …

Überlege einmal ganz genau: Bist Du heute da, wo Du schon immer hinwolltest? Hast Du Deinen Traumberuf gefunden? Lebst Du an dem Ort, an dem Du schon immer leben wolltest? Hast Du die Länder schon bereist, die Du schon immer mal entdecken wolltest? Trägst Du die Mode, die Dir wirklich gefällt oder ziehst Du Kleidung an, die von Dir erwartet wird? Wie oft schon wurden Deine Pläne und Vorhaben von anderen durchkreuzt. Nicht, weil sie es schlecht mit Dir meinten, im Gegenteil. Aber Du hast klein beigegeben, hast Dich zurückgenommen, hast Rücksicht geübt und wolltest es weniger Dir als anderen Recht machen. Stimmt's? Wie oft hast Du den Satz schon gehört: „Was sollen die Leute von Dir denken?", „So kannst Du vor der Verwandtschaft doch nicht auftauchen!", „So was sagt man doch nicht, wie hört sich das denn an?" – im aktuellen Überwahn der Political Correctness geht es um Gleichmacherei, um die Aufgabe Deiner Individualität, um die Kündigung von Deinem Ich. Deine Personality wird wie in eine Wurst gepresst, damit sie möglichst allen schmeckt. Ecken und Kanten? Unerwünscht.

Ist Dir eigentlich bewusst, wie viele Deiner Wünsche, Deiner ganz eigenen Eigenarten und Deiner Vorlieben bereits heute schon auf dem Altar von falscher Rücksichtnahme geopfert worden sind? Es anderen recht machen, und sich selber permanent hintenanstellen. Das kann manchmal gut, sinnvoll und anständig sein. Aber wohlgemerkt: manchmal, nicht immer! Insofern ist die Frage doch durchaus berechtigt: Lebst Du schon oder wirst Du noch (von anderen) gelebt? Lebst Du und erfüllst Du das Leben gemäß der Vorstellungen von anderen? Oder bedienst Du gar die Spitze davon, nämlich andere, die sich selbst durch Dich verwirklichen wollen? Und Du bleibst auf der Strecke? Wie oft treffen wir Entscheidungen gegen unseren eigentlichen Willen und erfüllen damit – innerlich widerstrebend – die Erwartungen und Anforderungen anderer? Wenn Du ehrlich bist, passiert das doch sehr häufig. Man will es anderen recht machen, damit man seinen Frieden, seine Ruhe hat. Daher lebst Du auch nicht wirklich, weil Du gefangen bist vom Wunsch nach Anerkennung durch andere. Aber dabei vergisst Du Deine eigene Anerkennung, Dein Ja zu Dir selber. Damit geht die Entscheidungsfreiheit verloren, die sich nach unseren eigenen Bedürfnissen, unseren Wünschen und Sehnsüchten des Herzens richtet, sondern wir richten uns nach anderen. Auch, weil wir nicht Nein sagen können oder wollen. Oder, weil wir die anderen nicht enttäuschen wollen bzw. nicht den Mut haben den anderen zu sagen: „Ich verstehe Deinen Wunsch, aber es ist nicht meiner!" Wer aber diese Courage nicht aufbringt, wer ständig das Leben anderer lebt, der zerstört sein positives Lebensgefühl und sein eigenes Lebensglück. Hinterher, wenn es zu spät für eine Umkehr ist, dann fällt danach meist der berühmte Satz: „Ach, hätt' ich doch …!"

Nein, dann ist es vorbei mit „hätte". Vermeide dieses Wehklagen, Versäumtes aus der Vergangenheit nachzutrauern. Du kannst die Zeiten ohnehin nicht zurückdrehen. Jammern ist hier zwecklos. Zweckdienlich aber ist es, sich auf das Jetzt und Hier zu konzentrieren und heute den Mut zu haben, Dir selber zu folgen statt anderen.

 **Wichtiger Tipp:**
Vermeide schon im Sprachgebrauch den Konjunktiv: „Hätte, wäre, sollte, würde ….“ – diese Worte stehen für nichts außer für verpasste Chancen! „Hätte ich doch nur …!“, „Wäre ich, dann ….!“, „Man sollte mal …, dann würde ...!“ – Schluss damit! Wechsel' in das aktive Tun. Denn wenn man sollte, dann könnte man auch ... und wenn man könnte, dann kann man auch – und zwar jetzt … So geht keine Möglichkeit mehr verloren und keine Chance wird verpasst, weil sie jetzt erkannt und jetzt genutzt wird!

Wer das Leben anderer lebt, wer stets nur auf verpasste Chancen zurückblickt, der wird sich unerfüllt, erschöpft und auch enttäuscht fühlen. Wenn nicht heute, dann aber morgen. Und genau das muss nicht sein. Sicher, dieses Bekenntnis, diese Erkenntnis ist nicht ohne. Und ja, es bedarf auch etwas Mut, den eigenen Weg zu gehen und damit gegen den Mainstream sein Leben zu leben. Aber es war schon immer eine größere Kraftanstrengung nötig, wenn man gegen den Strom schwimmt, statt sich von der Masse treiben zu lassen. Dafür ist der Weg zur Quelle meist erheblich kürzer, und somit lohnt sich dieser Kraftaufwand umso mehr. Sei doch mal ehrlich: Wer große Visionen hat, wer tolle Ideen hat, der wird nicht immer gleich verstanden werden und Begeisterungsstürme ad hoc ernten.

Wie auch, sonst wäre er doch kein großer Visionär, weil alle um ihn herum ebenfalls auf diese vielleicht anfangs wahnwitzigen Ideen gekommen wären. Es sind die gleichen Menschen die sagen, es geht nicht. Und das sagen sie so lange, bis einer kommt, der es doch tut und dann zeigt, dass es geht.

 **Man betrachte doch nur die Hummel. Dieses pummelige, pelzige, brummende Insekt, das von Blume zu Blume fliegt. Unter rein wissenschaftlichen Gesichtspunkten und rein physikalischen Werten dürfte diese Hummel eigentlich gar nicht fliegen können. Zu massiger Körper, zu kleine Flügel. Und sie tut es doch. Warum? Weil sie es kann – basta! Und weil sie sich wahrscheinlich nicht um das dumme Gerede derjenigen kümmert, die ihr einreden wollen, dass sie eben nicht fliegen können darf. Sie fliegt und das reicht.**

Einer der größten Visionäre der Neuzeit war Henry Ford, der Autobau-Tycoon aus den USA. Ein cleverer, schlauer Visionär, der genau eines nicht machte, nämlich sich um das Gerede der anderen zu scheren. Als Erfinder des „Model T" wurde er einst zum Transportwesen der Zukunft gefragt. Seine Antwort: „Wenn ich die Leute gefragt hätte, was sie wollten, dann hätten sie wahrscheinlich von mir stärkere und schnellere Pferde verlangt!" Ford aber hatte eine ganz andere Vision, die von Zweiflern verlacht, belächelt und für unwahrscheinlich gehalten wurde. Er aber arbeitete an seinem Ziel und an seinem Traum so hart, bis er sein Fahrzeug der Zukunft, nämlich das Automobil, kreiert und erfunden hatte. Und zwar eins, dass kurze Zeit später sogar als Massenproduktion auf dem Fließband für nahezu jedermann in Amerika erschwinglich wurde. Er hatte es geschafft. Denn er hörte nicht auf all die anderen, auf die vielen negativen Stimmen. Er gab den „Traum-Räubern" keine Chance, sondern er hatte Ziel und Weg fest im Visier und setzte es in die Tat um. Er hat sein Leben gelebt und nicht das der anderen. Auch, weil er den Mut hatte, an sich zu glauben und an seinen Traum.

Eigentlich doch gar nicht so schwer, oder? Denkt man jedenfalls. Was soll Dich hindern, Deinen Weg zu gehen? Die Frage ist durchaus berechtigt. Aber diese hier auch:

 **„Wenn es nicht so schwer ist, seinen eigenen Weg zu gehen und seine Träume zu verfolgen, warum tust Du es dann noch nicht?"**

Ertappt! Aber auch dafür gibt es eine klare Antwort: Weil uns immer wieder Hindernisse blockieren, die uns oftmals gar nicht wirklich bewusst sind. Denn, dass uns andere zurückhalten und dass wir somit aus Gründen der falschen Rücksicht uns selbst innerlich verkümmern lassen, ist nur die eine Hälfte der Wahrheit.
Die andere Hälfte des Hindernisses sind wir selber. Ja, Du selbst stehst Dir auf Deinem Weg in die Freiheit im Wege. Diese folgenden fünf Merkmale sind meist dafür verantwortlich. Und dabei muss nicht nur ein einzelner Grund zutreffen, es können auch mehrere sein. Mache doch einmal den Selbst-Check mit Dir und verschaffe Dir Klarheit:

1. Merkmal: Kein definiertes Ziel

Unklarheit sorgt dafür, dass wir nie in die richtige aktive Handlung kommen. Denn worauf soll man eine Handlung ausrichten, wenn man nicht weiß, in welche Richtung es gehen soll? Wer zu einem Navigationsgerät sagt: „Bring' mich zum Ziel!", wird niemals ankommen, weil das Navi das Ziel nicht kennt. Wer nur die Stadt angibt, wird zwar dort landen, aber sicher nicht in der entsprechenden Straße. Erst mit der Hausnummer ist das Ziel konkret festgelegt und genauso ist es mit dem Ziel im Leben. Es muss klar definiert sein, wo es hingehen soll.

2. Merkmal: Angst zu versagen

In unserer Leistungskultur, ist es bei vielen total verpönt Fehler zu machen. Dabei ist es eine völlig normale Sache, Dinge auch mal falsch zu machen und daraus zu lernen. Es ist sogar zutiefst menschlich und ein wesentlicher Teil unserer Entwicklung. Denn unser Gehirn ist auf Dazulernen programmiert. Und einen erheblichen Teil lernen wir durch das Sammeln von Erfahrungen. Das macht uns aus. Erfahrungen aber machen wir auch durch Fehler. Nur so lernen wir, was richtig und was falsch ist. Daher ist es wichtig, dass man keine Angst vor Fehlern hat, aber die daraus entstandene Lern-Erfahrung dann auch verinnerlicht, um diesen Fehler nicht erneut zu begehen.

3. Merkmal: Mangelndes Selbstvertrauen

Du wärst erstaunt darüber, wie viele Menschen ein völlig unklares Bild über sich und ihren Selbstwert haben. Sie haben kein Bewusstsein, überhaupt keinen Wert, was sie für die Welt darzustellen und wie wichtig sie sind. Demzufolge handeln sie auch oft nicht aus ihrem Selbstwert heraus. Das Selbstwertgefühl hat dabei nichts mit Eitelkeit und Selbstverliebtheit zu tun. Aber jeder von uns sollte sich im Klaren sein, wie wertvoll er ist. Denn jeder trägt viele Talente in sich, mit denen er, wenn er sie anwendet, die Welt wieder ein kleines Stückchen reicher macht.

4. Merkmal: Falsche Glaubenssätze

Alles was wir im Leben erfahren, wird zum größten Teil von unserem Unterbewusstsein erzeugt. Glaubenssätze, die wir in frühester Kindheit in uns angelegt haben, wirken sich enorm auf unser aktuelles Leben aus. Das Leben, das wir führen, ist auch ein Ergebnis dieser unbewussten Überzeugungen. Und genau die solltest Du einmal überprüfen und auf Richtigkeit abklopfen.

„Das tut man nicht!" – einer der beliebtesten und häufig verwendeten Regeln. Aber wer sagt das? Wer schreibt Dir das vor? Wer ist „man" überhaupt? Und vielleicht tun es einige nicht, aber Du, Du hast so richtig Lust es zu tun. Ja, dann tu' es doch und lass es Dir von „man" nicht verbieten.

5. Merkmal: Kontakt zur inneren Stimme verloren

Man weiß heute, dass wir Entscheidungen nicht nur mit unserem Gehirn treffen, sondern dass noch ganz andere Instanzen in uns dazu beisteuern. Auf sein Herz oder seinen Bauch zu hören, bedeutet nichts anderes, als sich wahrzunehmen und auf Deine innere Stimme zu hören, die Du wie wir alle in uns tragen. Manche haben einfach den Kontakt zu dieser wissenden Stimme verloren. Höre doch einmal wieder tief in Dich hinein und folge Deinem Bauchgefühl. Es definiert sich durch Deine schon so vielen gemachten Erfahrungen und ist sehr häufig ein Anzeichen für die richtige Entscheidung in bestimmten Situationen.

Wer sich dessen bewusst ist, der wird einen großen, spürbaren Schritt vorankommen und sein Leben ändern können – wenn er es will. Ein Leben zu ändern, das bedeutet, die Ziel-Ausrichtung neu einzustellen, sich zu fokussieren, vielleicht sogar überhaupt erst einmal seine Wünsche, Ziele und Träume zu benennen und seinen Lebensweg darauf abzustimmen. Auch, um später von sich sagen zu können: „Ich habe das Leben gelebt, das ich wirklich leben wollte!" Wer diese Entscheidung aber zu spät trifft, wer erst am Lebensabend sich auf seine Ziele und Lebenswünsche besinnt, für den ist es zu spät, weil die Uhr abgelaufen ist. Es gibt ein berühmtes Buch einer Krankenschwester aus Australien, die ihre Erfahrungen und Erlebnisse aufgeschrieben hat. Dabei kamen die fünf häufigsten Dinge zum Vorschein, die Menschen auf dem Sterbebett im Nachhinein bereuen. Das eigentlich Traurige dabei ist, dass es sich bei allen fünf Nennungen um etwas handelt, was die Menschen hätten selber ändern können. Es ist das Bedauern, das Leben nicht anders gelebt zu haben, Entscheidungen nicht anders getroffen und Träume nicht wirklich gelebt zu haben. Das kurios Makabre aber ist, dass diese Emotionen immer wieder genannt werden. Es sind keine Einzelfälle, sondern es sind die Punkte im Leben, wo Menschen eben falsch abbiegen oder nicht rechtzeitig die Ausfahrt zu ihrem wirklichen Leben finden – und dies, obwohl es ausreichend Möglichkeiten dafür gibt und für sie gab. Diese fünf Dinge wurden am häufigsten genannt:

1. „Ich wünschte, ich hätte den Mut gehabt, mein eigenes Leben zu leben"

2. „Ich wünschte, ich hätte nicht so viel gearbeitet"

3. „Ich wünschte, ich hätte den Mut gehabt, meine Gefühle auszudrücken"

4. „Ich wünschte mir, ich hätte den Kontakt zu meinen Freunden aufrechterhalten"

5. „Ich wünschte, ich hätte mir erlaubt, glücklicher zu sein"

Gibt es dabei Aussagen, die Du sogar heute, wo Du noch jung bist, schon für Dich bestätigen kannst? Findest Du darunter auch schon einen Wunsch, der Sehnsüchte in Dir erweckt und bei dem Du bereust, dass Du es bisher nicht realisiert hast? Noch ist es für Dich nicht zu spät. Du hast es selber in der Hand und Network-Marketing kann Dir dabei in vielerlei Hinsicht helfen, behilflich sein oder Dich unterstützen. Es kann Dein Leben ändern – weil es Dir mehr Freiheit schenkt, mehr Zeit, mehr Lebensfreude, mehr Einkommen, mehr Gestaltungsmöglichkeit. Und da Du als Networker das Leben mehr genießen kannst, mehr Freiraum und Zeit für Dich hast, musst Du auch nicht mehr so hart arbeiten. Und die Arbeit macht einfach mehr Spaß, soviel, dass Du es gar nicht wirklich als Arbeit empfinden wirst. Du wirst mehr Selbstvertrauen bekommen, ein höheres Selbstwertgefühl. Und genau das lässt Dich unter anderem auch den Mut haben, dass Du Deine Emotionen ausdrücken und ausleben kannst. Weil Du im Network-Marketing-Business durch Deinen Erfolg zunehmend mehr Zeit für Dich und die schönen Dinge haben wirst, kommen Familie, Freunde und Bekannte auch nicht mehr zu kurz. Im Gegenteil – Du kannst Ihnen sogar die Chance bieten, mit Dir zusammen das Geschäft zu erweitern und am gemeinsamen Erfolg zu arbeiten. Wo bitte ist das sonst noch möglich? Insofern kann Network-Marketing auch beim vierten Punkt eine große Hilfe und die Lösung sein. Alles in allem wird das Geschäft Dich natürlich auch erfüllter machen, denn Du bist nun mitten dabei Deine Träume zu leben und Deine Ziele zu erreichen. Die logische Konsequenz daraus ist, dass Du somit auch ein zufriedenes Leben führen wirst und dadurch auch erheblich glücklicher sein wirst.

Bedenke: Wir stehen jeden Tag vor Entscheidungen und Herausforderungen. Bei den einen haben wir eine freie Wahl und können uns entscheiden, ob wir die Dinge ändern und wie wir sie ändern wollen. Und dann gibt es Umstände, die liegen halt nicht in unserer Entscheidungsmacht. Die können wir nicht beeinflussen. Sie müssen wir hinnehmen, wie sie sind. Deswegen brauchen wir diesen Dingen gegenüber keine negativen Gedanken und keine Energie zu verschwenden. Dinge, die wir zum Besseren, zu unseren Gunsten ändern können, die sollten wir dann auch verändern. Sonst geraten wir in den Zustand, dass wir Umstände bereuen.

 **Ein weltbekanntes Glaubensgebet lautet daher: „Gott, gib mir die Gelassenheit, Dinge hinzunehmen, die ich nicht ändern kann, den Mut, Dinge zu ändern, die ich ändern kann, und die Weisheit, dass eine vom anderen zu unterscheiden!"**

- Theologe Reinhold Niebuhr -

7. Macher oder Opfer?

Wir brauchen nur auf unser Smartphone zu blicken und die Nachrichten überrollen uns regelrecht. Wie oft stehst auch Du kopfschüttelnd davor und denkst Dir: „Wie konnte das passieren?" Und damit ist nicht die große, weite Welt gemeint. Es muss nicht immer die Weltpolitik sein, die einen beschäftigt. Im Kleinen geht es los, in einem Mikrokosmos wie Deiner Familie beispielsweise oder im beruflichen Umfeld. Hast Du da den Mut, das Auge, das Feingefühl und auch die Mittel zu ändern, was Du ändern kannst, wenn Handlungsbedarf besteht? Bist Du mittendrin oder nur abseits dabei? Bringst Du Dich aktiv ein oder spielst Du nur einen passiven Part, der Dinge laufen und geschehen lässt? Welche Rolle übernimmst Du in all dem, was um Dich herum passiert? Bist Du ein bloßer Zuschauer? Oder doch eher Gestalter? Bist Du mitten auf dem Spielfeld des Lebens aktiv dabei? Oder sitzt Du in der Lounge oder gar nur auf einem Stehplatz und schaust dem Leben und all seinen Ereignissen aus der Ferne zu?

All das ist nämlich eine Frage Deiner inneren Einstellung.

Wie ist Dein Mindset gepoolt, wie ist es eingestellt und wie fein ist es justiert? Welche Werte und Merkmale, welche Ziele und Kompetenzen, welche Skills und Aktivitäten herrschen in Deinem Verhaltensmuster vor und treiben Dich an? Denn über eines musst Du Dir bewusst sein, wenn Du Dein Leben im Hier und Jetzt betrachtest: Es ist nicht nur Dein bloßes Leben, sondern Du befindest Dich auch gerade dort an genau dieser Stelle, weil Du alles dafür getan hast, um eben auch genau dort zu sein. Mehr nicht, aber auch auf keinen Fall weniger. Dein aktuelles Leben, egal wie zufrieden Du damit bist, ist die Summe aller Deiner bisher getroffenen Entscheidungen. Insofern stimmt der Satz:

 **Das Leben ist das,**
was Du daraus machst.

Das gilt insbesondere, wenn wir (mal wieder) dazu neigen, Verantwortung abzugeben und anderen die Schuld für bestimmte Umstände in die Schuhe zu schieben. Wenn Du mit Deiner Partnerschaft, mit Deinem Job, mit Deinen Lebensverhältnissen, mit Deiner Freizeitgestaltung, mit Deinem Einkommen, mit Deiner Karriere – womit auch immer – nicht zufrieden bist, dann bist aber nur Du dafür allein verantwortlich. Niemand anderes. Du trägst lediglich die Konsequenzen aus Deinem Handeln und aus Deinen Aktivitäten. Aber ebenso aus dem, was Du eben nicht bisher oder in einer konkreten Situation getan hast. Wenn Du heute ausgebildete Krankenschwester, Altenpflegerin oder Kindergärtnerin bist, und Dir heute einfällt, dass Du mit diesem Beruf zwar eine ehrenwerte Tätig-

keit und einen Dienst von hohem gesellschaftlichem Stellen-
wert übernommen hast, Du aber niemals viel oder ausreichend
Geld verdienst, dann ist das aufgrund Deiner einmal gefällten
Entscheidung. Niemand hat Dich dazu gezwungen. Niemand
hat Dir jemals vorgegaukelt, dass Du mit diesem Berufsbild
Millionär werden kannst und niemand verbietet Dir etwas anders zu machen. Aber Du bist in diesem Job, der schwer, extrem wichtig und ebenso extrem unterbezahlt ist, weil Du ihn
Dir einst ausgesucht hast. Denn Du warst geleitet von Deinem
Idealismus. Jedoch ein Blick zurück zeigt Dir, dass der Idealismus von einst verflogen ist. Und es nervt Dich schon lange,
dass Du nicht genug verdienst, um Dir auch nur die kleins-
ten Ansprüche und Wünsche zu erfüllen. Und auch die in den
Tageszeiten ständig wechselnden Dienste, mal früh, mal spät
und mal mitten in der Nacht, rauben Dir die Kräfte. Das spürst
Du schon länger. Tja, jetzt gilt es, etwas zu tun. Du hast eine
Zeit lang passiv zugesehen, was mit Dir und Deinem Leben
passiert, seit Du Dich einmal für diese Tätigkeit entschieden
hast. Heute weißt Du: Es ist nicht mehr das Richtige. Es fühlt
sich auch nicht mehr richtig an. Aber was kannst Du tun? Du
kannst ab sofort passiv das Leben erdulden und an Dir vorü-
berziehen lassen. Willkommen in der Opferrolle. Denn es wird
nicht mehr lange dauern, und Du wirst anderen die Schuld für
Deinen Zustand, für Deine miese Laune und für Deine Unzufriedenheit geben. Irgendeinen Schuldigen finden Menschen,
die sich als Opfer sehen, immer. Irgendjemand oder irgend-
etwas ist Schuld daran, dass es bei den Opfern nicht rund im
Leben läuft. Jeder kann es sein – nur sie selbst nicht. In ihrer
Passivität sind sie oftmals auch mit Blindheit geschlagen.

Dabei ist jetzt Aktivität gefragt und gefordert. Raus aus der Lethargie, rüttel' Dich selber wach und tu' etwas. Du bist ein Macher, jemand der sein Leben, sein Schicksal und vor allem seine Zukunft in die Hand nimmt und sie so gestaltet, dass er sich in ihr wohlfühlt. Du allein bist derjenige, der aus der Knetmasse des Lebens sein großes Glück formt. Denn Du hast jetzt erkannt, dass Du alles in der Hand hältst, was nötig ist. Auch die Entscheidungsfreiheit auszusteigen, umzukehren oder die Spur zu wechseln. Alles ist für Dich bereit. Du musst Dich jetzt nur entscheiden und Dein Mindset neu updaten, um in Deinem eigenen Leben auch selber tonangebend Regie zu führen.

Es gibt immer die Wahl zwischen den passiven und den aktiven Handlungen. Die Frage ist nur, zu welcher Du tendierst? Gehörst du zu denjenigen, die ein Leben lang von schönen Filmen träumen oder zu denjenigen, die lieber jammern über das, was nicht gut läuft in ihrem Leben und so ihre ganze Energie verpuffen und ihre Chancen verpassen? Das sind die passiven Teilnehmer. Im Gegensatz dazu gibt es die aktiven Macher. Das sind die, die ihre Situation annehmen, die darin enthaltenen Chancen wahrnehmen und das Beste daraus machen. Und Du? Was unternimmst Du? Bist Du passiv oder aktiv unterwegs? Egal, was Du bis jetzt gemacht hast. Du bist nur eine einzige Entscheidung davon entfernt, es in Zukunft so zu machen, wie Du es eigentlich und wirklich möchtest. Denn Du weißt ja, was alles nicht richtig läuft und Du weißt auch, was Dein Ziel ist. Du hast erlebt, dass Du dieses Ziel auf Deinem jetzigen Weg niemals erreichen wirst. Also steht die Entscheidung doch eigentlich schon fest. Sag' einfach ja zu Dir und ja zu Deinem Leben. Wenn Du das erkennst und akzeptierst, dann ist der erste und zugleich der wichtigste Schritt getan. Deine Entscheidung ist zu 100 Prozent gefallen. Und sie ist auch richtig. Du spürst das innerlich. Jetzt baust Du nur noch den Willen auf, es auch wirklich zu tun. Raus ins Abenteuer Leben. Verlass' Dich auf Dich selber, auf Dein Können, auf Deine Einstellung und auf Deinen Willen – statt auf andere.

8. „Risiko" ist die Sicherheit von heute

Früher genügte ein Handschlag zwischen zwei Vertragspartnern und der war verbindlich. Noch heute sprechen ehrbare Kaufleute vom „hanseatischen Handschlag" oder vom „Handschlag auf Kaufmannsehre". Warum? Weil dieser Handschlag einmal etwas wert war. Mehr wert als Tinte und Papier. Er stand für Vertrauen, für Ehrbarkeit der beiden Parteien und damit auch für Verlässlichkeit und Sicherheit. Heute hingegen muss alles schriftlich per Vertrag vereinbart und besiegelt werden. Jede noch so kleine Eventualität muss mit einkalkuliert werden und weil auch das nicht reicht, setzt der Rechtsanwalt bzw. Notar vorsichtshalber noch die „salvatorische Klausel" mit unter das Schriftstück. Sie regelt nämlich die Rechtsfolgen, wenn Teile des Vertrages sich als undurchführbar oder gar nichtig herausstellen und stellt sicher, dass der Restvertrag dennoch seine Gültigkeit behält.

Heutzutage hat sich das „Vertragsrisiko" dahingehend verschoben, dass meist beide Vertragspartner damit innerlich schon rechnen, dass im Falle eines Falles aus dem Vertragspartner ein Vertragsgegner wird. Der wird nämlich wahrscheinlich doch irgendwo ein Schlupfloch im Vertrag findet, dass es ihm ermöglicht, sich nicht oder nicht zu 100 Prozent an die Absprachen zu halten. Kurzum: Ein ehrbarer, verpflichtender Handschlag hat heute daher kaum eine Bedeutung mehr, weil selbst das Papier, auf dem ein schriftlicher Vertrag geschlossen wurde, nichts mehr wert ist. Verträge sind zum Brechen da – das ist die aktuelle Gewissheit, die insofern gar kein Risiko mehr darstellt, denn der Vertragsbruch ist fest einkalkuliert und überrascht auch nicht im Falle eines Falles. Ein Habitus, der sich in der Gesellschaft ebenso ausgebreitet hat wie in den Bereichen des Wirtschaftslebens.

 **Deshalb ist Sicherheit das neue Risiko, und umgekehrt ist Risiko die neue Sicherheit. Auch, weil zusätzlich alles dem Wandel der Zeiten unterworfen ist.**

Nichts hat mehr wirklich lange Bestand. Ein Blick in die Arbeitswelt macht es deutlich. Daher ist es heutzutage das größte Risiko, sich auf seinen Job, auf seinen Beruf und auf seinen Arbeitsplatz als Angestellter zu verlassen. Wer weiß, ob dieser morgen noch vorhanden ist? Niemand kann sich heute darauf verlassen, dass alles so bleibt, wie es ist oder einmal war.

Aber ist das im Bereich Network-Marketing wirklich anders? Ist das nicht viel eher auch so eine „unsichere Angelegenheit", bei der die Oberen verdienen und die unteren Chargen leer ausgehen? Ein Beispiel: Ein Angestellter, wir nennen ihn mal an dieser Stelle, Hans – wie Hans im Glück – hat einen Job in einer Firma. Beruf und Position spielen hierbei keine wirkliche Rolle. Hans ist fleißig, immer pünktlich, gibt jeden Tag sein Bestes und Hans ist bei seinen Kollegen recht beliebt. Natürlich, er ist immer freundlich, stets hilfsbereit und sieht darüber hinaus auch noch recht gepflegt und adrett aus. Vor allem aber zeichnet Hans sich darin aus, dass er seinen Job wirklich gut kann und seine Aufgaben immer gewissenhaft und zu 100 Prozent richtig erledigt. So ist er nun einmal, unser Hans. Aber das macht er auch, weil er gerne in der Firma vorankommen will. Und so hofft er, dass andere – nämlich seine Vorgesetzten – seine gute Arbeit bemerken und ihn irgendwann einmal befördern, damit er neue, noch interessantere Aufgaben erhält und natürlich auch, damit er mehr Geld verdient.

Was Hans bei allem Fleiß und Können aber leider komplett übersieht: Er ist zu 100 Prozent abhängig von anderen. Er kann arbeiten, soviel und so hart wie er will – wenn sein Chef oder Vorgesetzter diesen Einsatz entweder nicht sieht, oder nicht sehen will, dann ist alle Anstrengung von Hans vergeblich. Er hat keine Chance etwas zu bewirken, sondern ist ausschließlich auf den guten Willen anderer angewiesen. Wie deprimierend! Doch damit noch lange nicht genug. Eine Studie des Personaldienstleisters Robert Half aus dem Dezember 2018 fördert noch mehr Ernüchterung an den Tag. Denn sie beweist: Wer superfleißig ist, ist auch superdoof! Auweia, das ist ja beinahe eine Ohrfeige für alle Fleißigen. Aber die Studie macht deutlich: Fleiß am Arbeitsplatz führt nur in den seltensten Fällen zu mehr Karriere, zu Beförderung und zu mehr Einkommen. Nur in neun Prozent der Fälle kam es zu einer Gehaltserhöhung aufgrund von erreichten Zielen oder einem Mehr als das geforderte Engagement. Damit wird auch deutlich: Die altbekannte Formel: „Mehr Verdienst, kommt von mehr Arbeit", ist zwar nach wie vor gültig, aber nur bei Selbstständigen. Bei Angestellten greift sie nicht (mehr) – im Gegenteil.

Also ist die Sicherheit auf Karriere im Angestelltendasein nur Schein statt Sein. Und damit nicht genug. Wer dennoch in einem Unternehmen aufsteigt, kann diesen Erfolg und das, was er sich mühsam erarbeitet hat, nicht an andere Personen seiner Wahl weitergeben oder gar vererben. Man stelle sich das einmal konkret in folgendem Fall vor: Da ist Felicitas – der Name heißt übersetzt „die Glückliche –, das passt doch ideal als Beispiel. Sie ist ähnlich wie Hans zuvor fleißig, charmant, grazil und eine wertvolle, eifrige angestellte Mitarbeiterin. Unsere Felicitas schafft es allen Widrigkeiten zum Trotz in dem Unternehmen, in dem sie beschäftigt ist, nach oben, oder gar nach ganz oben. Die zweifache Mutter hat für dieses Unternehmen geackert und gerackert, hat ihre Familie aber auch vernachlässigen müssen. Sie hatte kaum Zeit für ihre Kinder gehabt, und hat sogar die Wochenenden meist hinterm Schreibtisch verbracht … Und wofür? Dass sie dann im Alter von 65 Jahren mit warmen Worten und einem billigen Blumenstrauß im Arm vom Hof gejagt wird und jemand anderes ihren Job übernimmt. Vielleicht erhält Felicitas noch eine Pension, eine Betriebsrente, aber ihr Erfolg ist beendet, verpufft, hat sich nach all den Jahren in Nichts aufgelöst. Denn ihren

Kindern kann sie diesen Job nicht übertragen oder vererben, dass sie vielleicht in ihrem Sinne den Posten so erfolgreich weiterführen, wie sie es getan hat. Dieses Privileg bleibt nur Unternehmerinnen und Unternehmern sowie Selbstständigen vorbehalten, die ein Geschäft aufgebaut haben und diesen Lohn ihrer Arbeit dann weitergeben können – an jemanden ihrer Wahl. Und wieder geht unsere Felicitas leer aus und steht mit leeren Händen da.

Und das Schicksalsrad dreht sich vielleicht sogar noch fataler gegen Felicitas weiter. So sehr sie sich auch bemüht und sich einsetzt, die modernen Zeiten von heute sind schnelllebig und fegen rasant über sie und das Unternehmen, in dem sie arbeitet, hinweg. Die Globalisierung und die Digitalisierung schreiten in riesigen Schritten voran. So schnell, dass Felicitas eines Tages zur Arbeit kommt und ihren Arbeitsplatz sucht. Weg ist er, verschwunden im Nirwana des Fortschritts. „Wie lange warst Du in unserem Unternehmen tätig – heute schon mal nicht mitgerechnet? Aber: Es war sehr schön mit Dir, doch ab heute werden wir es mal ohne Dich versuchen ...!", heißt es dann aus der Chefetage. Ihr Job wurde wegrationalisiert. Er wurde durch den Fortschritt überflüssig gemacht. Alle Mühe, Anstrengung und Fleiß sind nun vergeblich gewesen. „Felicitas, die Glückliche" ist nun „Felicitas, die Unglückliche" und hat nichts mehr. Selbst die Zukunft wurde ihr damit ein Stück weit genommen.

Hört sich erschreckend furchtbar an, ist aber heutzutage an der Tagesordnung. Denn es werden nicht nur Arbeitsplätze auf-

grund von technischem Fortschritt und Digitalisierung weg-
fallen, sondern es verschwinden ganze Berufszweige. Kennt
Ihr noch den Beruf eines Drehers oder eines Schriftsetzers?
Das waren vor 30 Jahren noch sehr gut bezahlte Arbeitskräfte
im Druckhandwerk. Den Job gibt es heute nicht mehr. Bank-
kaufleute, Versicherungsberater, Kassiererinnen und viele andere werden zunehmend durch das Internet, durch program-
mierte Portale ersetzt.

Wirtschaftsexperten sprechen hierbei heutzutage vom „disrup-
tiven Wandel". Ein schöner Begriff für eine harte Wirklich-
keit. Was genau bedeutet das? Der Begriff „Disruption" leitet
sich von dem englischen Wort „disrupt" (= „zerstören", „un-
terbrechen") ab und beschreibt einen Vorgang, der vor allem
mit dem Umbruch der Digitalwirtschaft in Zusammenhang
gebracht wird: Bestehende, traditionelle Geschäftsmodelle,
Produkte, Technologien oder Dienstleistungen werden immer
wieder von innovativen Erneuerungen abgelöst und teilweise
vollständig verdrängt. Insbesondere in der Startup-Szene ist
der Begriff „Disruption" eine beliebte Vokabel, da er das re-
volutionäre Denken eines Gründers zum Ausdruck bringt. Ein
Denken, dass so revolutionär ist, weil es meist ganz auf Digitalisierung setzt und damit die bisherigen Unternehmungen
oder zumindest bisherige Prozessabläufe „zerstört" und damit
als überflüssig ersetzt. Treibende Faktoren sind dabei meist
Zeitersparnis und somit auch Kapitalersparnis. Denn wird ein
Arbeitsplatz durch z.B. einen Computer ersetzt, kostet dieser
lediglich die einmaligen Anschaffungskosten und die künftige
Wartung. Im Vergleich zu einem Arbeitnehmer, der mit Lohn

und Nebenkosten bezahlt werden muss, für den im Krankheitsfall sowie im Urlaub gezahlt werden muss und der somit fortlaufende Kosten produziert, ist ein Computer schlicht und einfach unterm Strich für ein Unternehmen günstiger.

Ein Umstand, der im Network-Marketing nicht passieren wird. Denn diese Industrie ist eine Branche mit großer Zukunft. Sie setzt zu 100 Prozent auf den Faktor Mensch und kann und will daher auf Menschen nicht verzichten. Weil die nämlich wiederum ihr Herz und der Puls sind.

Wenn man bedenkt, dass jemand rund 40 Jahre arbeitet und damit die beste Zeit seines Lebens „opfert", ist das zu erwartende Ergebnis am Ende doch deprimierend. Wer aber über den Tellerrand des Angestellten einmal hinausblickt und sich umsieht, der wird schnell auf das Thema „Unternehmertum" kommen. Der typische Angestellte, einer der in der herkömmlichen Arbeitswelt fest verhaftet ist, dem stellen sich beim Wort „Unternehmerdasein" aber wiederum ganz schnell die Nackenhaare auf. „Vorsicht! Da gibt es viele Risiken!", ruft er dann. Ach ja? Haben wir nicht eben erkannt, wie risikoreich sein Dasein als Angestellter oder besser gesagt als Abhängiger und Fremdbestimmter von anderen ist? Ganz schnell sind diese Menschen mit dem Begriff „Garantie" zur Stelle. „Welche Garantien hast Du, dass Du als Unternehmer nicht scheiterst?" Eine Frage, die jemand stellt, dessen Existenz zu 100 Prozent vom guten Willen anderer abhängt, der keinerlei Entscheidungsmöglichkeiten besitzt und seinem Schicksal hoffnungslos ausgeliefert ist.

 **Klar ist, dass niemand, der ein Unternehmen startet und niemand, der beschließt selbstständig zu werden, die Garantie auf Erfolg, große Umsätze und ein hohes Einkommen erhält. Aber eine Garantie hat dafür der Angestellte: Er wird es mit seinem Tun und seinem Job niemals schaffen, dass zu erreichen, was er wirklich will. Seine großen Wünsche und Hoffnungen werden sich garantiert niemals erfüllen. Ist das die bessere Aussicht?**

Einer der großen Network-Vorteile lautet: Einmal richtig aufgebaut, partizipiert man oft ein Leben lang von seiner Arbeit. Und – ganz wichtig – dieses aufgebaute Unternehmen lässt sich auch an andere wie z.B. die eigenen Kinder vererben. Es bleibt im Besitz der Familie und ist somit ein Stück weit auch Vorsorge und Übertrag an nachfolgende Generationen. Beispiele gibt es in der Branche ausreichend genug. Wo z.B. Vater, Mutter oder beide zusammen als Eltern ein Network-Unternehmen aufgebaut und ins Leben gerufen haben und die Kinder heute noch erträglich daran im Monat verdienen.

Aber noch etwas spricht für unsere großartige Network-Marketing-Branche. Wie eingangs schon erwähnt, liegt der derzeitige Umsatz aller Network-Marketing-Unternehmen weltweit pro Jahr bei rund 190 Milliarden US-Dollar. Eine gigantische Summe. In anderen Branchen und Industrien partizipieren von solchen Umsätzen in erster Linie die Bosse, dann oftmals noch die Aktionäre, dann wird re-investiert und ganz am Ende werden diejenigen bedient, denen man den Erfolg eigentlich zu verdanken hat – die Arbeiter und Angestellten. Das ist im Network-Marketing komplett anders. Wir erinnern uns an das Gerücht, dass in dieser Branche angeblich ja nur diejenigen satt verdienen, die ganz oben an der Spitze stehen. Ach so? Die Wahrheit sieht aber ganz anders aus: Auf der einen Seite stehen die besagten 190 Milliarden US-Dollar Jahresumsatz der Branche weltweit. Auf der anderen Seite aber zahlen die Network-Unternehmen im Schnitt 40 Prozent dieser Umsätze wiederum als Provisionen an ihre Partnerinnen und Partner aus. Das sind 76 Milliarden Dollar, die an unabhängige Vertriebspartner ausgeschüttet werden und die in diesem Geschäft aktiv unterwegs sind. Und natürlich gibt es auch in der Network-Industrie die führenden Köpfe. Die Besten der Besten, die Weltmeister des Vertriebs, die Könige der Branche. Deren Zahl liegt bei rund 500 Personen, die im Schnitt etwa plus/minus zwei Millionen im Jahr verdienen. Der eine etwas mehr, der andere etwas weniger. Insofern ist diese Durchschnittszahl sehr realistisch. Multipliziert man diesen Jahresverdienst mit der Anzahl 500, kommt man auf eine Milliarde. So hoch ist in etwa die Provisionssumme, die an die Top-Verdiener der Branche gehen. Heißt aber auch: Von den 76 Milliarden US-Dollar, die an die unabhängigen Partner ausgezahlt werden und von denen wir jetzt noch einmal eine Milliarde für die „Network-Kings" subtrahieren, bleiben rund 75 Milliarden übrig. 75 Milliarden US-Dollar werden im Jahr verdient – Tendenz steigend! Diese gigantische Summe landet bei Menschen, die dieses Business machen und damit ein paar hundert Euro verdienen möchten als „Taschengeldaufbesserung" aber auch von Leuten, die ein paar Tausend oder ein paar Zehntausend oder mehr Euro verdienen. Das Gros der Networker, und das liegt bei rund 90 Prozent, sind in diesem Business tätig, um ein paar Hundert oder ein paar Tausend zusätzlich zu verdienen. Das ist bedeutsam und wirkt sich enorm positiv auf die Menschen, auf ihre Familien und auf ihr Leben aus. Denn diese Provisionen geben mehr Sicherheit, geben mehr Lebensfreude, mehr Möglichkeiten und erfüllen sowohl kleine als auch große Träume.

Seit 35 Jahren steigt die Erfolgskurve von diesem Business weiter nach oben. Und der Trend hält an. Das macht deutlich, dass wir hier mit Network-Marketing von einer absolut legitimen, zukunftssicheren Industrie sprechen, die eine Chance auf neue Einkommensmöglichkeiten bereithält. Der Phantasie sind dabei kaum Grenzen gesetzt.

 **Zeiten ändern sich, alles ist im Wandel – und dies schneller und schneller. Du aber allein entscheidest Dich dabei, ob die Welt sich mit Dir oder ohne Dich dreht.**

9. Der Ausbruch aus dem Hamsterrad

Wenn Du Dich einmal in Deinem persönlichen Umfeld umschaust – fällt Dir dabei jemand ein oder auf, der es als Angestellter geschafft hat, frei und finanziell unabhängig zu sein? Ist es nicht vielmehr so, dass selbst Menschen, die in den Chefetagen der Konzerne tätig sind, zugleich ein „sklavisches Dasein" führen müssen? Können sie tun und lassen, was sie wollen? Können Sie Urlaub machen, wann und wie lange sie es möchten? Bestimmen Sie, wo sie arbeiten, wann sie arbeiten? Sind Sie nicht auch an eine Konzernzentrale gebunden? Müssen diese Top-Manager und Spitzen-Managerinnen nicht auch jeden Morgen in das Unternehmen kommen und ihren Dienst ableisten – meistens sogar bis in die Nacht? Okay, wirst Du vielleicht denken, dafür fällt deren Gehaltsabrechnung auch erheblich prächtiger aus als Deine. Das mag stimmen. Wenn Du 2.000 Euro im Monat verdienst, wird Ihr Bankkonto am Monatsende wahrscheinlich um 200.000 Euro voller sein. Na prima, und was haben Sie davon? Eine dicke Villa mit Pool, die sie selten sehen oder den sie nur selten benutzen können. Denn sie sind entweder in der Firmenzentrale oder mit dem Flugzeug unterwegs, um von einem Termin zum nächsten Meeting zu hetzen. Ja, sie tragen vielleicht schickere Schuhe, teurere Anzüge, feinere Kostüme, eine wertvollere Perlenkette, eine kostspieligere Uhr am Handgelenk und haben eine edle Karosse in der Garage stehen oder vielleicht auch zwei oder gar drei – aber sie haben meist gar keine Möglichkeit, sich daran zu erfreuen, weil sie keine Zeit für diese Dinge haben. Sie sind in den meisten Fällen genauso fremdbestimmt wie Du es vielleicht jetzt als Angestellter bist. Wahrscheinlich sogar in einem noch viel höheren, größeren Maße als Du. Sie haben Ihre Freiheit ebenso verkauft wie sich selber und gehören nun dem Konzern – sie selber und ihre Lebenszeit, deren Uhr unaufhörlich tickt und weiter und weiter dem Ende entgegenläuft.

Wenn man sich diese Situation einmal ohne eine rosarote Brille auf der Nase anschaut und sich dabei von einem eventuell sehr hohen Einkommen nicht blenden lässt, dann bekommt die Lebens- und Einkommenssituation hier in Deutschland plötzlich eine ganz andere Gewichtung bei der Begehrlichkeit. Der Blickwinkel verändert sich. Beinahe stehen sich Freiheit und Gefangenschaft frontal gegenüber. Meinst Du nicht auch, dass es spätestens jetzt Zeit ist, aus dieser enorm einengenden Zwickmühle zu entfliehen und für Dich eine alternative Entscheidung zu treffen? Denn wenn Du Dir das neue Bild vor Augen hältst, das Du nun gerade von einem Top-Manager erhalten hast, dann leuchtet Dir ein, dass auch er niemals wirklich vermögend und vor allem niemals frei und unabhängig sein wird. Und von finanzieller Freiheit wollen wir in diesem Zusammenhang hier gar nicht erst anfangen zu sprechen. Nicht reich, nicht frei und nicht ungebunden – wie deprimierend. Das also ist der Ist-Zustand und das finale Karriere-Ergebnis eines großen „Zampanos" bzw. einer „Karriere-Lady" in einem Konzern. Ist das nicht geradezu desillusionierend?

Und dennoch gibt es doch Menschen, die all das haben – die frei sind, die finanziell ungebunden sind, die ihr eigener Herr über ihr Leben und über ihre Zeit sind? Die müssen es doch auch irgendwie geschafft haben? Aber wie? Das sind doch nicht nur Frauen und Männer, die reich geboren wurden, oder durch Glück reich geworden sind, weil sie einmal im Leben die richtigen Zahlen angekreuzt haben und somit den Lotterie-Jackpot geknackt haben. So oft gibt es diesen großen Gewinntopf nun auch wieder nicht und so oft trifft keiner die richtigen Zahlen. Wo also kommen diese „vermögenden Freigeister" her? Wie sind sie zu einem Leben gekommen, von dem andere nur träumen können? Eine Möglichkeit gibt es da, die vielleicht auch für Dich interessant sein dürfte ...

Am besten lässt sich das anhand eines Beispiels erklären. Eins, das wirklich realistisch ist und dass Du sehr gut nachvollziehen kannst. Am besten nehmen wir da mal – genau, das ist es ... Du bist das beste Beispiel, weil Du auch am leichtesten von Dir auf andere Situationen und Emotionen schließen kannst. Gut, also abgemacht …

Du bist aktuell in einem Angestelltenverhältnis tätig, eines, das wir schon ausgiebig beschrieben und besprochen haben. Das ist auch absolut okay, denn Du bist damit wirklich keine exotische Ausnahme – im Gegenteil. Zusammen mit Dir gehen wir nun ein paar Stationen und Steps durch. Und da geht es als erstes um Dein Gehalt. Na klar, schließlich ist das ja auch der Grund, warum Du arbeitest. Du willst und musst Geld verdienen. Wie alle anderen auch. Wie wir schon erwähnt hatten, liegt das Durchschnittsgehalt in Deutschland aktuell bei 2.916,66 im Monat – brutto. Also vor allen staatlichen Abzügen. Danach bleiben Dir im Schnitt rund 1.890 Euro übrig. Autsch, das allein tut schon weh, lässt sich aber nicht ändern. Alle müssen Steuern zahlen … Wie gesagt, wir reden hier vom Durchschnitt. Vielleicht passt das auf Dich nicht ganz. Nicht schlimm, dann nimm' bitte Deinen Wert, damit Du so dicht wie nur möglich an Deinem eigenen Beispiel bleibst und ein wirklich gutes, reales Spiegelbild von Dir entsteht.

Als Angestellter hast Du ja den Deal gemacht, dass Du mit

Deinem Arbeitgeber einen Tauschhandel eingegangen bist. Und wie Du bereits in diesem Buch erfahren hast, ist dieser Handel meist nicht gerade zu Deinem Vorteil. Du tauschst also Deine wertvolle, unwiederbringliche Lebenszeit gegen ein festes, vertraglich zugesichertes Monatsgehalt oder einen Stundenlohn, der dann entsprechend auf den Monat hochgerechnet wird. Laut Statistischem Bundesamt waren das im Dezember 2018 insgesamt 44,91 Millionen Menschen, die in so einem Arbeitsverhältnis standen. Achtung! Als Vergleich: Dieser Anzahl stehen gerade mal gut 4,1 Millionen Selbstständige (*Stand Dezember 2017*) in Deutschland gegenüber. Also gerade einmal rund 10 Prozent der Frauen und Männer sind selbstständig tätig.

Sicher kennst Du auch das Gefühl, wenn der Monat mal wieder länger dauert, als das Gehalt reicht. Kein Wunder also, dass Du gerne mehr verdienen möchtest. Mehr? Was bedeutet das „mehr"? Von welchen Dimensionen sprechen wir hier? Wie viel darf es denn sein? Ein paar hundert Euro on top? Das reicht nicht? Es soll spürbar mehr werden? Da kommen die Gedanken schnell ins Trudeln und man malt sich aus, was man wohl tun würde, wenn am Monatsende einmal die doppelte Geldsumme auf der Abrechnung stehen würde. Sicher hast Du auch schon mal so wilde Gedanken gehabt, stimmt's? Da kommt so richtig innere Freude auf. Ein doppeltes Gehalt, ja, wäre was! Aber das würde für den deutschen Durchschnittsverdiener 3.780 Euro bedeuten. Wie gesagt, wenn das bei Dir nicht in etwa hinkommt, dann „spiele" einfach mit Deinen echten Zahlen bzw. mit Deiner Gehaltssumme.

Aber warum Wunsch und Traum? Gibt es nicht tatsächlich eine Möglichkeit auf ein verdoppeltes Gehalt? Überleg' doch mal. Hast Du eine realistische Idee? Wahrscheinlich denkst Du jetzt erst einmal über das Naheliegendste nach – Du schlauer Fuchs willst die Zeit für Dich arbeiten lassen. Gar nicht so übel die Idee. Warum musst Du Dich immer ins Zeug legen, es wird Zeit, dass mal jemand für Dich arbeitet und das wäre in diesem Falle die Zeit. So denken in diesem Moment die meisten.

Wie kann das funktionieren? Zum Beispiel partizipierst Du vom Tarifvertrag, den die Gewerkschaften mit Deiner Branche ausgehandelt haben. Und der besagt, dass Du jedes Jahr automatisch eine Lohnerhöhung bekommst. Nehmen wir als Beispiel – auch damit es sich gut rechnen lässt – eine Summe von 100 Euro. Aber 100 Euro mehr, sind nur die Hälfte wert, denn rund 50 Euro gehen wieder für Abgaben wie Steuern, Rentenkasse und andere automatische Abzüge drauf. Sehr ernüchternd: Denn um aber mit 50 Euro mehr Dein Gehalt zu verdoppeln, musst Du weit länger als ein Vierteljahrhundert warten. Herzlichen Glückwunsch, dann stehst Du ja schon bald kurz vor dem Rentenalter und hast dann gerade mal Dein heutiges Gehalt verdoppelt. Und das ist noch nicht alles – denn Du musst jetzt noch die Inflation mit einberechnen. So nennt man den Verlust des Geldwertes. Denn wenn Du heute ein Brot für drei Euro kaufen kannst, bekommst Du in 10 Jahren maximal noch einen halben Laib für das gleiche Geld. Insofern ist der Euro von heute morgen nur noch die Hälfte wert, um es einmal bildlich darzustellen. Du siehst also, aus Deiner Verdoppelung des Gehaltes ist auch nach über einem Vierteljahrhundert nicht wirklich etwas geworden. Im Gegenteil, Du musst sogar aufpassen, dass Du trotz einer faktischen Verdoppelung der reinen Summe unterm Strich nicht sogar noch weniger Geld zur Verfügung hast.

Das, mit der Zeit hat also schon mal nicht funktioniert. Eine andere Idee muss her. Wäre doch gelacht, wenn wir Dein Gehalt nicht irgendwie verdoppelt bekämen. Wie wäre es denn damit, dass Du Deinen „eigenen Marktwert" steigerst, indem Du Dich weiterbildest. In Fachkreisen spricht man auch von einer „Karriere durch Weiterbildung". Clever, denn wer mehr leisten kann und mehr Kompetenz besitzt, der verdient in der Regel auch mehr als andere.

Gesagt, getan – schon werden Abendkurse gebucht, bei der Volkshochschule Seminare belegt, Angebote von der Handelskammer wahrgenommen, oder als Krönung holst Du noch einen höheren Bildungsabschluss nach – das Abitur oder den Bachelortitel in einem Abend- bzw. Fernstudium. Respekt, wer das macht und durchzieht. Denn so etwas dauert im Durchschnitt fünf bis sieben Jahre und bedeutet harte, fleißige Lernarbeit und obendrein Lernstress en masse nach Feierabend. Aber Du bist einer von der ganz harten Sorte und ziehst es durch. Klar, wenn Du Dir mal etwas vornimmst, dann machst Du das auch und stehst zu Deinem Wort – Ehrensache. Jetzt hast Du nämlich erheblich mehr zu bieten und Dir steht eine saftige Gehaltserhöhung zu – eigentlich. Aber meinst Du ehrlich, dass nun wirklich das Doppelte an Lohn für Dich drin ist? Sicher, Du wärst es wahrscheinlich wert, ganz sicher sogar.

Aber die Realität sieht leider anders aus. Wenn Du nun an der Tür des Chefs klopfen würdest, könntest Du wohl eher mit warmen Worten und ein paar Schulterklopf-Einheiten rechnen, aber sicher nicht mit einer saftigen Gehaltsverdoppelung. Und überhaupt: Was ist, wenn es plötzlich heißt, dass Du für Deinen derzeitigen Job „überqualifiziert" bist? Oha, dann geht die Kanone auch noch nach sprichwörtlich hinten los. Typischer Fall von „Verrechnet".

Und nun? Zwei Ideen sind schon im Nichts verpufft. Langsam wird es eng mit den Möglichkeiten Dein Gehalt zum Monatsende hin zu verdoppeln. Jetzt fällt Dir der Kollege ein, der eigentlich nichts wirklich auf die Reihe bekommt, nicht das alles zu bieten hat, was bei Dir auf dem Papier steht und dennoch – Du weißt, dass er mehr verdient als Du. Absolut ungerecht und Dir wird gerade vor Wut ganz anders. Denn Dir wird klar, warum der Typ am Monatsende einen dickeren Gehaltsscheck bekommt als Du: Er ist ein Kriecher und Schleimer.

Oh man, der spricht jeden nach dem Mund, hängt seine Fahne fröhlich in ausnahmslos jeden lauen Wind und wenn der Chef kommt, dann hebt man schon fast automatisch die Füße, um auf der Schleimspur nicht auszurutschen. Aber damit nicht genug: Kollegen und Kolleginnen mobben, üble Gerüchte in die Welt setzen, den „Flur-Funk" so richtig anheizen und an anderen Stühlen sägen, bis die Späne haufenweise im Büro herumliegen. So mies ist dieser Typ gestrickt und so kommt er (leider) auch vorwärts. Und ganz nebenbei gesagt: Das ist kein männliches Phänomen, diese Masche können auch Frauen gut durchziehen. Hierbei herrscht also absolute Gleichberechtigung. Aber – das ist deren Welt – jedoch nicht Deine. Nein, so ein charakterloses Geschöpf bist Du nicht. Du könntest Dich nicht mehr im Spiegel ansehen, wenn Du auf solche hinterlistigen Maschen setzt. Und überhaupt: Es hat Dich doch schon immer innerlich geärgert, dass solche „Luftpumpen und Nullnummern" in Deiner Abteilung gearbeitet haben und dann auch noch mit ihrer Faulheit, Hinterlist und Inkompetenz geprahlt haben … Nein, in so eine Schublade willst Du nicht gesteckt werden.

Also können wir die Verdoppelung Deines Gehalts wohl langsam vergessen. Vor allem, wenn Du nicht endlich aus diesem fatalen Kreislauf herauskommst. Du musst es einsehen: Als Angestellter ist Dein Wunsch eben nur ein Wunsch – und wird es wohl auch bleiben. Bei aller Freude und Lust am Träumen wollen wir ja nicht zusammen Hirngespinsten und Utopien nachjagen.

Denk noch einmal scharf nach, denn eines steht ebenso fest: Aufgeben ist absolut keine Option für Dich. Denn Du bist ein Fighter und wenn Du Dich einer Idee verschrieben hast, dann bleibst Du ihr auch treu und nimmst die Herausforderung an.

Langsam dämmert es Dir. Aus dem Dunkel kristallisiert sich langsam aber sicher eine weitere, eine völlig andere Alternative heraus. Allein schon, weil Du Dich auf Dich selbst besinnst. Auf all das, was Du zu bieten hast und auf Deine besonderen Fähigkeiten. Deine individuellen Skills, die Dich ausmachen, die Deinen Charakter beschreiben und die Dich als Typ so einzigartig machen. Diese andere Möglichkeit kehrt das aktuelle Bild einfach mal um und bietet Dir die Chance der Betrachtung von der anderen Seite des Ufers. Denn warum immer nur für andere arbeiten, statt selber einmal die Zügel in die Hand zu nehmen? Du weißt, was Du kannst und Du weißt, was es heißt Einsatz zu zeigen. Aber leider machst Du das alles im Moment für andere. Du gibst Dich, Deine Talente und Deine Zeit in einen großen Topf und jemand anderes profitiert davon. Auf alle Fälle mehr als Du selbst. Hart ausgedrückt: Jemand anderes lebt auf Deine Kosten, reibt sich die Hände, weil Du ihm alles das für wenig Geld gibst, was er selbst nicht kann oder hat. Zeit, den Spieß einmal umzudrehen. Du nutzt Dein Können, Dein Wissen, Deine Kompetenz und Deine Fähigkeiten für Dich selbst zu Deinem eigenen Nutzen und Vorteil!

Ab sofort gehörst Du damit also nicht mehr zu den rund 44 Millionen Menschen, die von anderen Arbeit nehmen, sondern zu den gut vier Millionen in Deutschland, die Arbeit schaffen und sie anderen anbieten. Frauen und Männer, die für sich statt für andere arbeiten und arbeiten lassen. Neuer Tag, neues Glück und ab sofort stehst Du auf der anderen Seite des Lebens. Du gehörst nun zu den Selbstständigen. Und wie das Wort schon sagt: Du tust etwas, dass Du Dich selbst mit gewinnbringender Arbeit versorgst. Du kreierst Deine eigene Arbeit, Deinen eigenen Job. Statt Arbeitsangebote anderer anzunehmen, bietest Du nun welche an. Du bist quasi ein beruflicher Selbstversorger, bist autark, unabhängig und nicht mehr vom „good will" anderer abhängig. Aus „unselbstständig" wird „selbstständig".

Denn warst Du vorher „ständig unselbst" für andere tätig, bist Du nun „selbst" und „ständig" für Dich aktiv. Somit bist Du nicht mehr in den Mühlen vom System, nein, ab sofort bist Du selber das System. Willkommen in der anderen Welt.

Eines aber merkst Du sehr schnell: Selbstständigkeit ist kein Zuckerschlecken. Es ist nicht weniger, sondern meist erst einmal mehr, nein, viel mehr Arbeit und vor allem viel mehr Verantwortung – für Dich. Doch du gibst wie immer alles. Fleiß hat einen Namen – Deinen eigenen! Du legst Dich so richtig ins Zeug, um Dich und Deine Selbstständigkeit zum Erfolg zu führen. Dabei geht es Dir eben nicht nur um die Freiheit, zu tun, was Du willst, sondern ja auch darum, Dein ursprüngliches Gehalt endlich mal zu verdoppeln – und zwar schneller als in erst 25 Jahren plus. Ein Blick in Deine Auftragsbücher oder auch in Deine aktuelle Buchhaltung und Bilanzen macht deutlich: Ziel erreicht. Die angestrebten 3.780 Euro netto hast Du im Sack. Vielleicht sogar noch mehr. Herzlichen Glückwunsch, Du bist auf dem richtigen Weg. Aber Du weißt auch, dass es ein verdammt harter Kampf bis dorthin war. Ein Kampf, der Dich viele Nerven gekostet hat. Denn Selbstständigkeit ist auch das Leben mit dem permanenten Erfolgsdruck – die Aufträge müssen reinkommen, es müssen genügend Kunden Dein Angebot annehmen, und dafür musst Du selber sorgen, damit am Ende des Monats der Gewinn entsprechend hoch ausfällt. Eine Garantie hast Du nicht. Sondern Du selber musst Deine eigene Garantie sein, dass Dein Vorhaben gelingt.

Nachdem Du das nun ein paar Monate hintereinander auch

geschafft hast, wird Dir bewusst, dass die Verdoppelung Deines Gehalts von damals als Angestellter irgendwie auch nicht das Maß aller Dinge ist. Vor allem aber besteht keine echte Balance zwischen Deinem Aufwand und dem Ertrag. Du gibst als Selbstständiger viel mehr rein, als dann doch wiederum unter dem Strich dabei herauskommt. Kurzum: 3.780 Euro netto sind zu wenig für das, was Du in Deiner Selbstständigkeit leistest. Stellt sich also die Frage für Dich, wie Du Deinen Gewinn weiter in die Höhe schrauben kannst. Welche Möglichkeiten hast Du aus den 3.780 Euro, 5.000. 8.000 oder gar 10.000 und mehr zu machen? Gibt es überhaupt einen Weg zu diesem Ziel?

Bei Deinen Überlegungen stößt Du sehr schnell an natürliche Grenzen. Denn Du kannst Dich ja nicht von selbst aus verdoppeln oder Dich gar klonen. Wie aber willst Du dann Dein Vorhaben erfolgreich umsetzen? Die Rechnung ist ja recht simpel: Für Dein aktuell erzieltes Ergebnis von 3.780 Euro hast Du als Selbstständiger hart gearbeitet – sieben Tage die Woche! Wochenende? Fehlanzeige, das war nicht drin. Wenn Du also Deinen jetzigen Gewinn verdoppeln oder gar verdreifachen willst, dann musst Du auch das Doppelte leisten. Wie aber ist das zu schaffen, wo Du ja nicht mal eben die Uhr zurückdrehen kannst. Der Monat hat nur vier Wochen, die Woche nur sieben Tage und die nur 24 Stunden – von dem notwendigen Schlaf einmal abgesehen. Und auf den kannst Du nicht verzichten. Also was ist zu tun?

Sicher, Du kannst vielleicht noch ein wenig an Tempo bei der

Arbeit zulegen, und das ohne Verlust an Qualität. Aber die damit gewonnenen paar Stündchen, die brauchst Du eigentlich für all die administrativen Arbeiten, die auf einen Selbstständigen zusätzlich kommen. Das geht bei der Buchhaltung los, über die Auftragsakquise, Marketing, Social Media, Kundenbetreuung, Rechnungen schreiben, Mahnwesen – denn alle Kunden zahlen nicht immer pünktlich –, Steuern, Angebote erstellen, alles das sind Aufgaben, die ein Selbstständiger zu erledigen hat, die zu seinem Aufgabenprofil dazu gehören. Und die lenken ganz gewaltig von Deinem eigentlichen Job ab, den Du ja besonders gut beherrschst und bei dem Deine Talente voll zum Einsatz und zur Geltung kommen. Buchhaltung und das Erstellen von Businessplänen gehören wahrscheinlich eher nicht dazu. Und der tägliche Kampf mit der deutschen Bürokratie ist ja auch nicht gerade leicht zu bestehen. Hier eine Bescheinigung, dort eine Erlaubnis, dort ein Formular oder ein Gewerbeschein. Das heißt, ein großer Teil Deiner wertvollen, ohnehin knapp bemessenen Zeit, geht noch für all die notwendigen, aber überaus nervigen Arbeiten drauf. Überhaupt grenzt es schon an ein Wunder, wie Du das bisher alles so hinbekommen hast. Das ist eigentlich schon eine Glanzleistung. Wie aber willst Du bei all dem jetzt noch Deine Anstrengungen verdoppeln, damit Du auch den zweifachen Gewinn oder mehr erwirtschaftest?

Du kommst ins Grübeln. Und dabei wird Dir klar, dass Du nicht einmal einen Sonntag für Dich frei hattest. Keine Zeit, um Kraft zu tanken und zu regenerieren. Von Urlaub ganz zu schweigen. Einfach mal eine Woche wegfahren? Wie soll das gehen? Weil Du nämlich in der Woche kein Geld verdienen würdest, und das kannst Du Dir nun partout nicht erlauben. Wenngleich Du innerlich spürst, dass Du reif bist. Ein paar Tage in der Sonne Luft holen, die Seele baumeln lassen und entspannen, wären jetzt genau das Richtige für Dich. Aber nicht jeder Wunsch geht in Erfüllung, zumal Dir der Umsatzausfall wehtun würde.

Da wird Dir plötzlich etwas bewusst. Etwas, was Du doch eigentlich absolut vermeiden wolltest. Du bist im Hamsterrad. Da, wo Du schon mal warst. Mitten in einem Kreislauf, aus dem es auf den ersten Blick kein Entkommen gibt. Dabei wird Dir klar, dass Dein bisheriger Erfolg voll auf Kosten Deiner Lebensqualität in Form von mangelnder Freizeit geht. Sicher, Du liebst, was Du machst und bist mit Herzblut und 100 Prozent Engagement bei Deiner selbstständigen Tätigkeit dabei. Denn Du weißt ja auch, für wen Du das alles tust: für Dich! Trotzdem sind Deine Kräfte, ist Deine Energie langsam im roten Bereich. Du läufst auf Reserve …

Und da kommt Dir spontan noch ein Gedanke, den Du bisher immer beiseitegeschoben hast. Denn wenn Du Dir keinen freien Tag leisten kannst, dann darfst Du auch erst recht nicht einmal krank werden. Das würde Dich komplett aus der Bahn werfen. Daran willst Du lieber gar nicht denken. Musst Du aber, denn Du hast eine Verantwortung Dir selbst gegenüber. Plötzlich wird Dir bewusst, dass Dein momentaner Wohlstand auf ziemlich dünnem Eis gebaut ist, denn auch von einer sozialen Absicherung kann zurzeit nicht wirklich die Rede sein.

Zeit nachzudenken, eine Lösung zu finden und zu handeln!

Was tun? Eine steht für Dich fest: eine Lösung aus dem Dilemma gibt es. Denn Du kennst auch andere Selbstständige, die nicht nur gut oder sehr gut verdienen, sondern die auch ausreichend Freizeit haben und ihr Leben trotz viel Arbeit in vollen Zügen genießen können. Und genau das ist ja auch Dein Ziel. Und plötzlich fällt es Dir wie Schuppen von den Augen. Selbstständigkeit ist ja gut und schön, aber Du musst noch einen Schritt weitergehen. Und genau der eine Schritt wird Dich dann zu Deinem Ziel führen …

Du weißt, dass Du Deine Arbeitskraft und Deine Arbeitsleistung verdoppeln oder gar vervielfältigen musst. Und dies trotz limitierter Zeitmöglichkeiten. Arbeit und Aufträge hast Du ja genug, sogar so viele, dass Du allein kaum hinterherkommst und mittlerweile schon Anfragen absagen musst. Und das tut richtig weh und ist ärgerlich dazu, weil Dir damit auch der Gewinn an diesen Aufträgen verloren geht. Da wird Dir klar, dass Du die Arbeit halt an andere weitergeben musst. Denn was Du nicht an Aufträgen übernehmen kannst, das übernehmen und erledigen dann eben andere Mitbewerber in Deinem Marktsegment. Nein, Du willst die Arbeit bei Dir behalten. Und das, was Du nicht schaffst, dass überträgst Du anderen. Damit steht fest: Du wirst ab sofort Unternehmer. Das ist gefühlt quasi eine Stufe weiter, ja sogar höher, als es ein Selbstständiger ist.

Was aber unterscheidet den Unternehmer vom Selbstständigen? Er ist in letzter Konsequenz die Lösung aus dem Zeit-Arbeitsaufkommen-Dilemma des Selbstständigen. Denn ein Unternehmer ist die personifizierte Multiplikation der eigenen Arbeitskraft. Dass er nicht mehr wie ein Angestellter einen Job von anderen übernimmt und damit seine Zeit und Arbeitskraft gegen eine Geldsumme tauscht, das sollte klar sein. Aber er kreiert sich auch nicht mehr eine eigene Aufgabe oder einen eigenen Job, den er dann selber übernimmt und erfüllt. Ein Unternehmer ist vielmehr nun derjenige, der Arbeit an andere gibt und diese nun für die Erledigung der Tätigkeiten entlohnt.

Das heißt im Klartext: Du hast so viel Arbeiten und/oder Aufträge zu erledigen, die Du selber nicht mehr alleine abarbeiten kannst. Also gibst Du die Arbeit an andere Frauen und Männer, die Du selber auswählst, weiter, und bezahlst sie dafür. Somit hast Du Deine eigene Arbeitskraft vervielfältigt, indem andere nun ihre Zeit und ihre Arbeitskraft für Dich gegen eine festgelegte Summe Geld zur Verfügung stellen. Und weil es viel angenehmer ist, andere für sich arbeiten zu lassen, als den Job selber zu erledigen, stellst Du gleich so viele Mitarbeiter ein, dass Du selber gar nicht mehr diese Arbeiten übernimmst, sondern Dich anderen Aufgaben zuwendest, die nun Dein Unternehmen weiter voranbringen.

 **Die daraus folgende wirtschaftliche Gleichung lautet: Je mehr Menschen für Dich arbeiten, desto größer fällt in der Regel auch Dein Einkommen aus. Denn der Mehrwert ihrer Arbeit ist Dein unternehmerischer Gewinn. So wird dieser Vorgang jedenfalls von Wirtschaftsexperten definiert.**

94

„Läuft doch, oder?", denkst Du Dir. Ursprünglich hattest Du Dir „nur" Wege und Ideen überlegt, wie Du als Angestellter Dein zu kleines Gehalt verdoppeln könntest. Inzwischen haben Dich Deine Gedanken aber schon so weit geführt, dass Du weit über dieses Ziel hinausdenkst, Deine Gedanken quasi selbst überholt hast und im klassischen Unternehmertum angekommen bist. Kein Wunder, dass Du Dir selber nun die Frage danach stellst, ob das alles nun schon die absolute Erfüllung ist.

Da merkst Du es: Du bist einen großen Schritt vorwärtsgekommen. Das Finanzielle stimmt. Du kannst Dich nicht beschweren. Aber das Risiko, das auf Dir lastet, ist nicht kleiner, sondern eher noch größer geworden. Denn Du hast inzwischen nicht nur Verantwortung für Dich selber, sondern Du musst Dich auch um all Deine Mitarbeiter kümmern. Denn Du hast dafür zu sorgen, dass immer genügend Arbeit für sie da ist. Schließlich kalkulieren sie ja Monat für Monat mit dem „sicheren Gehalt", was Du ihnen als Gegenleistung für ihre Zeit und für ihre Arbeitsleistung zahlst. So, wie Du es einst ja auch gemacht hast. Zudem musst Du immer so gut verdienen, dass Du einen erheblichen Teil Deines erzielten Gewinns wieder in Deine Unternehmung investieren kannst. Denn nicht alles an Geld darf gleich direkt in Deine Tasche wandern. Es ist wichtig zu investieren, damit Deine Firma immer auf dem aktuellen Stand ist – neue Maschinen, neue Computer, neue Techniken, insbesondere im Zeitalter der Digitalisierung etc.

Dabei ist Kapital nur die eine Sache, die man als Unternehmer braucht. Vorher kommt immer erst einmal die Idee, die man benötigt, um ein Unternehmen aufzubauen. Wie neu ist Deine Idee? Wird das, was Du vorhast, auch wirklich gebraucht? Besteht ein Bedarf? Wie leicht lässt sich diese Idee umsetzen und realisieren? Sicher, auf jede dieser Fragen gibt es eine Antwort. Immerhin schaffen es jede Woche neue Start-up-Unternehmen, sich auf dem Markt durchzusetzen und zu etablieren. Und was andere können, das kannst Du auch. Stimmt, aber es gibt ebenso viele Firmen-Neugründungen, die scheitern und schnell wieder Insolvenz anmelden müssen. Das heißt: Die Gefahr zu scheitern ist groß – gerade heutzutage in unserer schnelllebigen Zeit …

„Wer nicht wagt, der nicht gewinnt", das ist einer Deiner Lieblingssprüche, nach denen Du lebst. Recht hast Du. Aber die Steigerung von Mut ist Übermut und der geht bekanntermaßen selten gut. Ein Blick auf Deine Unternehmensidee sagt Dir, dass Du auf dem richtigen Weg bist. Vor allem kannst Du so Deine Ziele endlich umsetzen. Gehaltsverdoppelung war gestern. Denn für einen Unternehmer gibt es ja eigentlich keine Grenzen. Du kannst ja so viele Frauen und Männer einstellen, wie Du willst. Nur genug Arbeit musst Du haben und sie mit Aufgaben versorgen. Denn dann ist auch für genügend Umsatz gesorgt mit dem Du Deine Leute bezahlen kannst. Keine Frage, es wird auch genug für Dich übrigbleiben. Allemal mehr als nur das Doppelte Deines aktuellen Angestelltengehalts. Da bist Du Dir aber mal ganz sicher.

Langsam lässt Du Deine eben gefassten Gedanken noch einmal innerlich sacken. Und dabei stolperst Du über das Wort „nur". Nämlich dass Du „nur" für genug Arbeit zu sorgen hast … Genau das ist der Knackpunkt. So leicht und selbstverständlich ist das heutzutage eben nicht. Schon wird Dir bewusst, was für eine enorme Verantwortung auf Dir lastet. Du hast die Pflicht, dafür zu sorgen, dass Du Deine Leute bezahlen kannst. Du stehst sogar in einem gewissen Maß dafür in der Haftung. Was ist, wenn ein Konkurrent auf den Markt vordringt, der vielleicht ein besseres oder günstigeres Angebot anzubieten hat? Was ist, wenn der Markt nachlässt, die Nachfrage nachlässt? Fragen keimen in Dir auf.

Natürlich hört sich das Wort „Unternehmer" und ebenso „Unternehmertum" auf den ersten Blick hin sehr verlockend und vielversprechend an. Aber es steckt eine ganze Menge mehr dahinter, als nur gutes Geld zu verdienen. Die Verantwortung und damit auch das Risiko sind gewaltig. Es muss ja immerhin schon einen Grund dafür geben, warum es nur gerade mal 4,1 Millionen Selbstständige in Deutschland gibt, die einer selbstständigen Tätigkeit nachgehen und von diesen Selbstständigen sind ja nicht alle Unternehmer. Laut Statistischem Bundesamt gab es im Jahr 2017 (*2018 war bei Redaktionsschluss statistisch noch nicht erfasst*) rund 3,4 Millionen Unternehmen in der Bundesrepublik. Das bedeutet, dass unter den Selbstständigen mindestens 700.000 schon mal keine Unternehmer sind. Auch das wird seine Gründe haben. Klar, wäre es so einfach, dann würde ja wohl jeder Unternehmer werden.

Verdammt. Jetzt bist Du schon so weit mit Deinen Gedanken

gekommen – von der Gehaltsverdoppelung bis zum Unternehmertum. Soll die Reise jetzt doch etwa zu Ende sein? Aus der Traum vom Wohlstand, von Freiheit und Unabhängigkeit? Kann doch nicht sein, denn es gibt sie ja. Diejenigen, die beinahe im Geld schwimmen und die tun und lassen können, was sie wollen. Frauen und Männer, die mit einem breiten Grinsen durch das Leben schreiten, die es sich gutgehen lassen, trotzdem viel Gutes für andere tun und dabei aber das Leben in vollen Zügen genießen. Bei denen ist das Geld doch auch nicht vom Himmel gefallen, denkst Du Dir insgeheim.

Was sind das für Leute? Haben die alle geerbt? Oder hatten sie einfach nur Glück? Auf alle Fälle passen Sie nicht in die einzelnen Schablonen des Geldverdienens. Sie sind weder angestellt, noch arbeiten sie selbstständig noch müssen sie sich um Mitarbeiter kümmern. Es scheint, als ob sie nicht nur frei, sondern auch nahezu ohne Verpflichtung sind. Wie kann das sein? Sind die so schlau und gewitzt?

Nein, sie sind clever, weil sie einfach eins machen: Sie lassen das Geld für sich arbeiten. Du nickst gerade und denkst Dir: „Richtig, das ist der Schlüssel zum Glück!" Weil diese Menschen es draufhaben, weil sie genau das tun, wo Du hinwillst, entscheidest Du für Dich: Du wirst Investor!

Denn exakt das sind sie – Investoren. Menschen, die ihr Kapital dort hingeben, wo es sich beinahe wie von Geisterhand gesteuert, selbst vermehrt. Wie das funktioniert? Das ist gar nicht so schwer: Investoren geben z.B. jemanden Geld, der eine gute Geschäftsidee hat, eine, auf die der Investor selber gar nicht gekommen ist. Aber der Ideeninhaber braucht Geld, um diese Idee umzusetzen. Das Geld bekommt er vom Investor. Als Gegenleistung wird der am künftigen Gewinn des jungen Start-ups beteiligt. Du siehst, der Investor hat keinen einzigen Handschlag selber gearbeitet, hat nur etwas Kapital an den kreativen Ideen-Finder gegeben und schon fängt er an Geld zu verdienen.

Und das „Spiel mit der Investition" lässt sich auf allerlei Wegen durchführen. Investoren investieren ihr Geld nicht nur in die Ideen anderer Menschen, sondern auch in bestehende Unternehmen, die sich vergrößern wollen, aber ebenso in Sach- und Geldwerte wie in große Fonds, in Aktien, in Grundstücke und Immobilien, von denen sie glauben, dass diese an Wert zukünftig zunehmen oder in andere Projekte, bei denen die Investoren sich versprechen, dass sie mehr Geld zurückbekommen, als sie anfangs eingezahlt haben. Du schlägst Dir vor Freude in die Faust. Das Leben als Investor ist genau Dein Ding. Geld verdienen, ohne den Einsatz der eigenen Arbeitskraft und ohne Verantwortung für etwas oder jemanden. Das ist Dein jetzt gefundener Königsweg – stimmt's?

Wenn da nicht noch eine Kleinigkeit fehlen würde, wie Du selber schnell bemerkst. Wer ein Haus bauen will, der braucht zuerst einmal ein Grundstück. Wer Kuchen backen will, der benötigt die entsprechenden Zutaten und wer Geld verdienen will, der braucht einen Job oder eine Idee und Fähigkeiten, um Arbeit zu kreieren. Und wer Investor werden will, der braucht

– richtig, Geld. Und zwar sogar recht viel Geld. Denn das ist der Rohstoff, mit dem er arbeitet und aus dem er als kluger Investor noch mehr Geld machen kann.

Du schaust in den Spiegel und sieht ein eher bedröpeltes Gesicht. Die Mundwinkel hängen nach unten und Dir ist jetzt so gar nicht zum Lachen zumute. Jetzt, wo Du dachtest, endlich den richtigen, Deinen einzig wahren Weg zu Deinem Glück gefunden zu haben. Und kaum hast Du den Gedanken und zugleich den Entschluss gefasst, da – peng – zerplatzt er auch schon wieder wie eine Seifenblase. Denn Du hast viel zu bieten, viele gute Tugenden, wertvolle Skills, herausragende Fähigkeiten. Dir fehlt es weder an Mut, noch mangelt es Dir an Ideen. Und fleißig bist Du sowieso. Also sind dies ideale Voraussetzungen, um Deinen Weg zu gehen Aber eines hast Du nicht: Kapital! Und das ist nun mal eine elementare Grundzutat, die Du benötigst, wenn Du Investor werden willst oder Dich als ein solcher betätigen möchtest. Ohne Kapital geht es nicht. Und nun?

Wie gut, dass Du jemand bist, der nicht so schnell aufgibt. Für Dich steht es doch insgeheim fest: Du willst jemand sein, der sein Geld zum Arbeiten schickt, um davon komfortabel zu leben. Da wirst Du Dich doch von einer einzigen Sache, die Dir fehlt, nicht aufhalten lassen. Und Du hast noch einen Vorteil: Du weißt, woran es mangelt und damit auch, was zu tun ist: Kapital beschaffen. Aber wie? Und vor allem in einer ausreichend großen Menge?

Und auch da gibt es eine Möglichkeit weiter voranzukommen. Es ist ein Weg, den (noch) nicht allzu viele kennen oder gehen. Bisher sind es gerade einmal rund 117 Millionen weltweit. Na, dämmert es schon? Das ist ein Weg, der extrem smart und intelligent ist. Und obendrauf ist es dabei noch einer, der so richtig Freude macht und Dein Leben um einiges weiter beflügeln und bereichern kann. Ja klar, Du musst schon grinsen, weil Du nun weißt, wohin die Reise geht: Du hast vollkommen Recht – Network-Marketing könnte die Lösung aus Deiner Zwickmühle sein.

 **Network-Marketing ist die fairste Form des Unternehmertums überhaupt. Ein geführtes, schlüsselfertiges Unternehmenskonzept für jedermann und jederfrau zum absoluten Taschengeldtarif. Ohne Risiko und Kapitaleinsatz im klassischen Sinne.**

Denn dieses aufregende Business kann Dir nicht nur Deine Wünsche von Freiheit – auch in finanzieller Hinsicht bieten. Es kann Dir sogar neben Wohlstand mehr Lebensqualität, mehr Zeit und vor allem mehr Gelassenheit schenken. Und der Clou dabei: Alle Vorteile, die Du bei Deinen bisherigen Überlegungen zur Verdoppelung Deines jetzigen Gehalts aufgezählt, genannt und erarbeitet hast, werden erfüllt. Alle Nachteile, die Dir das Angestelltendasein, das Leben als Selbstständiger oder als Unternehmer mitgeben, kannst Du beim Network-Marketing hingegen komplett vergessen. Na, wie hört sich das an? Quasi aus dem Nichts in die Champions League! Von null auf

100 mit einem Fingerschnipp. „From zero to hero", wie es in der Businesswelt so schön heißt:

● **Durch Network-Marketing hast Du alle Freiheiten, die Du als Selbstständiger hast!**
● **Durch Network-Marketing kannst Du unbegrenzt verdienen!**
● **Durch Network-Marketing kannst Du so viele Menschen einstellen, wie Du willst!**
Wichtig dabei zu wissen: Du musst sie nicht bezahlen und ebenso nicht für ihre Aufträge und damit für ihren Lebensunterhalt sorgen.
● **Bei Network-Marketing arbeitest Du nur mit denen Du wirklich arbeiten willst!**
● **Network-Marketing gibt Dir die Möglichkeit an der Arbeits-Performance anderer zu partizipieren!**
● **Bei Network-Marketing übernimmst Du nicht die Verantwortung für Deine Partner!**
● **Bei Network-Marketing benötigst Du weder Kapital noch eine eigene Idee oder ein eigenes Geschäftskonzept, um zu starten und um erfolgreich zu werden.**

Network-Marketing macht es möglich, dass Du sogar als Angestellter fast so leben, arbeiten und erfolgreich werden kannst wie ein Selbstständiger, wie ein Unternehmer und zu guter Letzt auch wie ein Investor. Na, wie hört sich das an? Und da wären wir eigentlich auch schon wieder bei Deiner Ausgangsposition, nämlich der Frage, wie Du es als heutiger Angestellter schaffen kannst, Dein Gehalt zu verdoppeln. Und dies ohne

Risiko, ohne extreme Wartezeiten und ohne übernatürliche Kräfte. Network-Marketing kann somit Dein Schlüssel zum Glück sein, wo folgende Gleichung gilt, die schon x-fach im realen Leben von anderen Networkern bestätigt worden ist:

 **In der Network-Marketing-Industrie ist es machbar, dass Du mit der Hälfte der Zeit, die Du heute in Deinen Angestellten-Job investierst, mittelfristig das Doppelte verdienen kannst.**

Das einzige, was jetzt für Dich noch zu tun ist: Du musst Dich entscheiden und vom Theoretiker zum Praktiker werden. Die richtigen Gedanken zu haben, ist schön und gut, aber sie nutzen Dir sehr wenig, wenn Du sie nicht in die aktive Tat umsetzt. Daher löse Dich von dem Verhalten vieler, die gerne nach dem wankelmütigen Slogan leben:
„Früher war ich unentschlossen, heute bin ich mir da gar nicht mehr so sicher …!"

Genau deshalb ist auch so wichtig für Dich in den real-aktiven „Ich-tue-es-Modus" umzuschalten – und zwar jetzt. Versteck' Dich bloß nicht länger, auch nicht vor Dir selbst, sondern mache das, was jetzt notwendig ist, um endlich da hinzukommen, wo Du wirklich hinwillst. Deinen Tag, ihn sinnvoll zu strukturieren, und Deine Aktivitäten und zu guter letzt auch Dein Leben zu ordnen oder neu zu ordnen, dabei werden Dir diese folgenden 5 folgenden Kernthesen sehr schnell und zuverlässig weiterhelfen:

 1. Einfach tun, was richtig ist.
2. Einfach lassen, was nichts bringt.
3. Einfach sagen, was man denkt.
4. Einfach leben, was man fühlt.
5. Einfach lieben, wen und was man liebt.

Und weil das eben so eine Sache mit dem Wechsel von der Theorie in die Praxis ist und man sich dafür aufraffen muss, um von einem Ufer zum anderen zu kommen, wird Dir das folgende Kapitel weiterhelfen Deine Entscheidung aktiv zu fällen – und zwar die für Dich richtige ...

10. Der große Unterschied, der alles deutlich macht

Genau bei diesem Prozess wollen wir Dich unterstützen. Offen und ehrlich, das haben wir Dir anfangs versprochen. Denn es ist im Grunde einfach, für sich die beste Entscheidung zu treffen – wenn man weiß, was man will. Aber auch dann, wenn die Gründe eine klare, eine eindeutige Sprache sprechen, die einen an die Hand nehmen und wie von selbst zur Tat führen – bzw. in die Aktivität. Du brauchst dazu nur einmal das Angestelltendasein per se aus Deinem eventuell künftigen Blickwinkel heraus zu betrachten – nämlich von der Seite eines Selbstständigen. Und Du wirst merken, dass es plötzlich um noch viel mehr geht als nur um Entscheidungsfreiheit, persönliche Freiheit und finanzielle Freiheit. Dabei wird nämlich offensichtlich, was Du oftmals für Kompromisse zu Deinen Ungunsten als Angestellter eingehst. Kompromisse, die nicht den Hauch von Vorteil oder Fairness Dir gegenüber haben.

Das ist in letzter Konsequenz auch das Resultat von all dem Gerede, dem Du seit vielen Jahren sicherlich immer wieder ausgesetzt warst und wo Du gehört hast, was alles nicht geht und was „man" macht bzw. nicht macht, wenn Du angeblich einen „Funken Verstand und Vernunft" besitzt. Aber mal ganz ehrlich: Wer ist „man" überhaupt? Kennst Du „man" denn? Was hast Du mit „man" zu tun? Hast Du einen Vertrag mit „man"? Hast Du „man" etwas versprochen, oder hat Dir „man" Konsequenzen angekündigt, wenn Du nicht auf „man" hörst? Wo steht also geschrieben, dass Du auf „man" hören musst? Ach, Du kennst „man" gar nicht? Und Du hast mit „man" gar nichts zu tun? Interessant, warum tanzt Du dann nach der Pfeife von „man" und lässt Dir vorschreiben, was Du zu tun und zu lassen, was Du zu denken hast, und wie Du Deine Zukunft planst? Lass' Dich von „man" bloß nicht für dumm verkaufen. Ja, ja, das hat „man" Dir wohl noch nie gesagt, stimmt's? Dämmert's Dir, wie „man" Dich klein halten will? Denn „man", das ist der Chor der Zweifler, der Miesepeter, der Neider, der Zaghaften, der Angsthasen, derjenigen ohne eigene Meinung, der Mit-dem-Strom-Schwimmer, der Zauderer und derjenigen, die eh immer auf die Meinung anderer setzen und selber nichts versuchen und in Angriff nehmen. Das sind die, die ohne eigene Expertise das nachreden, was anderen ihnen (meist auch ohne eigene Erfahrungen gemacht zu haben) vorsagen.

Aber Du bist ja zum Glück anders. Du bist neugierig, aufgeschlossen und offen für Erfahrungen, stimmt's? Daher wirst Du jetzt in diesem Kapitel hautnah erleben, dass viele Deiner bisherigen Glaubensgrundsätze wahrscheinlich gar nicht Deine sind. Weil sie nämlich gar nicht auf Deinen eigenen Erfahrungswerten basieren. Aber, und das gehört zu der ganzen Wahrheit mit dazu: Network-Marketing ist nicht immer und unbedingt DIE Lösung schlechthin, sondern vielmehr EINE Lösung. Du hast aber die Wahl, und genau darum geht's. Du kannst Dich frei entscheiden, welchen Weg Du einschlägst und welche Lösung Du anstrebst. Genau das soll Dir dieses Buch ja auch demonstrieren. Nichts ist vorbestimmt. Niemand ist gezwungen einen Weg zu gehen und schon gar nicht den, den die meisten beschreiten. Aber um eine Wahl treffen zu können, musst Du auch wissen, welche Alternativen es gibt, welche Chancen im Leben auf Dich warten. Und die Chance „Network-Marketing" ist eben eine grandiose – und eine für jedermann erreichbare, eine für jeden nutzbare, und das ohne jegliche Vorbedingungen oder Voraussetzungen. Hier geht es weder um Zeugnisse, noch um Kapitaleinsatz, sondern vielmehr um Wollen, Fleiß und Engagement. Das ist die Chance auf selbstständiges Unternehmertum quasi zum Taschengeldtarif. Hier musst Du die Startrampe nicht kreieren und erbauen, sondern musst nur noch den roten Startknopf an Dir selber drücken und dann kann die spannende Reise losgehen ...

Vielleicht hast Du ja schon einmal davon geträumt selbstständig zu sein? Oder hast Du mal als Kind oder Jugendlicher an einem Schreibtisch gegessen und „Chef gespielt"? Dabei hast Du kerzengerade in ehrwürdiger Position auf dem Drehstuhl gehockt, Kopf erhoben, Kinn nach vorn und hast ein Stück Papier vor Dir gehabt. Dann hast Du irgendeinen Stempel genommen, hast den Bogen Papier abgestempelt, Deine Unterschrift darunter gemalt oder gekritzelt und hast still vor Dich hin gelächelt … Na, ehrlich, hast Du diese Rolle schon einmal gespielt? Vielleicht auch nur im Traum? Das hat Dir doch ein gutes, ein cooles Gefühl geschenkt, oder? Oh ja, Chef spielen macht Spaß – Chef sein in der realen Welt aber auch. Aber warum bist Du es bis heute noch nicht? Woran hat es gelegen, dass Du Deinen Traum nicht wahrgemacht hast? Fehlte die zündende Geschäftsidee? Mangelte es am Mut, am Startkapital oder hattest Du einfach zu großen Respekt vor Deiner Selbstcourage? Hast Du Dich selber ausgebremst und daher Deinen Wunsch eben nicht in die aktive Tat umgesetzt? Warst Du zu unsicher in Bezug auf die möglichen auf Dich wartenden Anforderungen? Oder wolltest Du es vielleicht doch gar nicht so wirklich und fühltest Dich bisher in der Rolle des Angestellten doch recht wohl? Kein Problem, das wäre völlig in Ordnung – jeder so, wie er mag, kann und will. Das gehört zur Freiheit ebenso mit dazu! Nur mit der Gehaltsvervielfältigung wäre das dann so eine Sache, wie Du ja gerade erst in dem Kapitel zuvor bemerkt hast …

Du weißt ja mittlerweile, dass Du als Angestellter Deine Zeit und Deine Arbeitskraft gegen Geld eintauschst. Das ist der Deal, der aktuell wahrscheinlich auch noch für Dich gültig ist. Kurzum: Du arbeitest für andere. Nicht schlimm, aber bei näherer Betrachtung eines solchen Arbeitsverhältnisses kommen einem zumindest Fragen und auch Zweifel in den Sinn. Und das ist ebenso durchaus erlaubt. Denn Du wirst bei genauerer Überlegung feststellen, dass Dir partout kaum jemand einfällt, der in diesem System der Abhängigkeit frei, vermögend und selbstbestimmt ist oder geworden ist. Merkwürdig, oder? Aber warum machen es dann so viele Menschen? Oder konkret gefragt: Warum bist Du noch in so einem Arbeitsverhältnis, wo Du doch jetzt weißt, was es im eigentlichen Sinne bedeutet?

Und es ist ja nicht nur die Zeit, sondern sogar eine ganz bestimmte Zeit, in der man über Dich für in der Regel kleines Geld verfügt. Denn Du bist ja nicht für ein Unternehmen oder für Deinen Boss 38,5 Stunden in der Woche tätig und kannst selber bestimmen, wann dies der Fall ist. Stell' Dir vor, Du bist wirklich ganz hart drauf und arbeitest fast das ganze Wochenende von Samstag bis Sonntag durch. Das wären 48 Stunden! Also sogar 9,5 Stunden mehr als nötig. Verrückt, heftig, aber egal, Du bist so und schaffst das. Denn dann hättest Du die ganze Woche von Montag bis Freitag frei. Klingt doch irgendwie schon ganz anders und auch etwas verlockend, oder? Aber nein, die Chance hast Du nicht und die Freiheit erst recht nicht. Denn nicht nur, dass man Dir sagt, wie lange Du für Dein Gehalt im Monat Deinem Chef zur Verfügung stehen muss, nein, man schreibt Dir auch noch vor, wann das zu sein hat. Nämlich meistens von Montag bis Freitag von 8 bis 17 Uhr. Im Klartext heißt das nichts anderes, als dass man Dich zu einer festen Zeit einbestellt und Dir dann auch wieder deutlich macht, ab wann Du zu gehen hast.

Nur einmal als Vergleich: Du bist bei einem Freund eingeladen. Und der sagt zu Dir. „Ich bin allein und möchte, dass Du kommst und mir die Einsamkeit vertreibst. Dafür gibt es auch ein schönes großes Stück Torte. Eins, nicht zwei. Komme bitte um 15 Uhr und Du darfst bis 17 Uhr bleiben, dann bitte ich Dich meine Wohnung pünktlich wieder zu verlassen. Auch hierbei tauschst Du Deine Zeit gegen Kuchen und ein Gespräch mit Deinem Freund ein – genau zwei Stunden. Diese Zeitspanne schreibt er Dir vor. Ganz ehrlich, in so einem Fall würdest Du Dir doch mit dem Zeigefinger an die Stirn tippen und fragen, ob's ihm wirklich gutgeht. Aber bei der Arbeit nimmst Du diesen Wahnsinn vorbehaltlos hin.

Und dies in der Regel von 8 – 17 Uhr – aber vielleicht bist Du ja ein Frühaufsteher und hast Deine besten Momente ab 6 Uhr in der Frühe? Oder Du bist das Gegenteil und kannst erst richtig produktiv sein, wenn die Uhr 11 schlägt. Was dann? Dann kauft das Unternehmen Dich zu einer Arbeitszeit ein, wo Du gar nicht wirklich leistungsfähig bist. Denn: Jeder Mensch ist anders und unterliegt einem anderen Bio-Rhythmus. Schlecht für Dich und ebenso schlecht für das Unternehmen!

Und noch etwas kommt hinzu: Wird eigentlich Deine Zeit oder Deine Arbeitskraft für eine bestimmte Arbeit für Geld eingekauft? Oh ja, das ist ein himmelweiter Unterschied. Denn normalerweise bekommst Du ja einen Job, weil Du für die anstehenden Arbeiten als die- oder derjenige mit den besten Kompetenzen und Referenzen ausgewählt wurdest. Soweit, so gut. Was aber ist, wenn Du Deine Arbeit statt um 17 Uhr schon um 12 Uhr fertig und perfekt erledigt hast? Tja, eins steht ja mal fest – nach Hause gehen kannst Du nicht. Du musst also Deine Zeit pro Tag absitzen. Man könnte auch sagen:

 **Du wirst gezwungen, diese Stunden bei der Arbeit als Angestellter in Deinem Leben zu vergeuden – statt sie zu „vergolden".**

Das ist ja beinahe schon richtig ketzerisch, auf was für Gedanken Du plötzlich kommst, wenn Du das Angestelltendasein einmal hinterfragst und von einer anderen Warte aus betrachtest. Und das war erst der Anfang ...

Stichwort „Chef": Sicherlich hast Du Dir auch schon mal die Frage gestellt, was Du machen würdest, wärest Du an seiner Position. Bestimmt hast Du vor allem in eine Richtung gedacht: Was würde ich besser machen? Allein die Frage macht nämlich deutlich, dass Du nicht wirklich happy bist und Dein Chef nicht alles so macht, dass Du es gut finden würdest – auch zum Wohle des Unternehmens. Denn Du bist dieser Firma gegenüber ja loyal und willst, dass es ihm gutgeht. Immerhin ist Dir der alte Grundsatz wohlbekannt: Geht es dem Unternehmen gut, geht es mir gut!

Jetzt spürst Du, dass es kein gutes Gefühl ist, Dinge zu tun, die von Dir verlangt werden, die Du aber gar nicht für sinnvoll, produktiv oder gar richtig hältst. Aber Du bist halt als Angestellter nicht in der Position darüber zu entscheiden, sondern „nur" ein Befehlsempfänger. Fast wie ein Soldat, der vor seinem Vorgesetzten stramm zu stehen und den Befehlen zu gehorchen hat. Aber mal ehrlich: Wie sollen da Engagement, Motivation und Freude an der Arbeit entstehen? Und vor allem – wie soll dies zu guten Arbeitsleistungen und -ergebnissen führen, wenn Du etwas machst, hinter dem Du eventuell gar nicht stehst?

Kommt dann noch hinzu, dass in den meisten Unternehmen nach dem Grundsatz verfahren wird: „Nicht gemeckert, ist gelobt genug", dann wird Dir jetzt ein weiteres Defizit in Bezug auf das Angestelltendasein klar: Ohne Lob sinken Lust und Stimmung auf den Nullpunkt. Johannes Siegrist, Professor für Medizinsoziologie an der Uniklinik Düsseldorf hat es in einer Studie aus dem Jahr 2016 deutlich gemacht: Mangel an Lob macht krank! Denn bei Mangel an Wertschätzung wird die Ausschüttung von Dopamin, dem Belohnungshormon des Gehirns, reduziert und im Gegenzug werden mehr Stresshormone gebildet. Die Folge davon ist: Solche Stressreaktionen schlagen sich langfristig auf die Gesundheit nieder. Vor allem das Herz-Kreislauf-System reagiert darauf, zum Beispiel mit Bluthochdruck. Und das bedeutet wiederum: Mittelfristig schadet ein Vorgesetzter dem Unternehmen, wenn er zu selten oder gar nicht lobt und Anerkennung für Leistung und qualitativ gute Arbeit zeigt. Denn das macht Mitarbeiter krank und sie fallen als Leistungsträger für das Unternehmen aus. Somit gilt: **Ein Lob auf das Lob!**

Und dann wären da ja noch die lieben, werten Kollegen. Auch immer wieder ein Grund zum Ärgern. Da gilt beinahe die alte Weisheit in Sachen Familie: „Freunde kann man sich aussuchen, Familie nicht!" Natürlich gibt es tolle Kollegen, freundliche Mitarbeiter, und immer wieder entstehen aus diesem Kreis, mit dem Du ja dann auch – gezwungenermaßen – die meiste Zeit des Tages verbringst, Freundschaften, Liebeleien und Ehen. Aber es geht auch anders: Wenn nämlich Neid und Missgunst regieren, wenn aus Karrieregründen, aus Bosheit an Deinem Stuhl gesägt wird oder schlicht und einfach die Chemie nicht stimmt. Was dann? Sechs, sieben oder acht Stunden mit Leuten zu verbringen, die Dich nicht leiden können oder umgekehrt – das ist der blanke Horror und grenzt an Psychoterror. Aber hast Du eine Wahl? Kannst Du Dir Deine Kollegen selber aussuchen? Als Angestellter sicher nicht …

 **Achtung:**
„Verlass Dich auf andere –
und Du bist verlassen!"

Ein Slogan, der Dir sicherlich nicht unbekannt ist und dem Du aus tiefer Seele zustimmst. Warum verlässt Du Dich dann nahezu bedingungslos auf Dein Unternehmen, in dem Du angestellt bist? Oh ja, genau das machst Du. Du begibst Dich als Befehlsempfänger nämlich nicht nur in eine geistige Abhängigkeit, sondern im Grunde genommen legst Du Dein ganzes Lebensschicksal in die Hände einer Firma. Was für ein enormes Risiko gehst Du da ein? Du vertraust darauf – und zwar blind –, dass Dein geschlossener Vertrag eingehalten und zu 100 Prozent erfüllt wird. Und ebenso steht für Dich innerlich fest, dass diese Unternehmung für immer und ewig Bestand hat und sich am Markt hält. Aber für viele gilt leider die böse Regel: „Verträge sind zum Brechen da!", und da hilft Dir auch nicht weiter, dass Deutschland das Land mit dem höchsten Kündigungsschutz für Arbeitnehmer ist. Wenn eine Firma, wenn ein Chef Dich loswerden will, dann schafft er das auch. Das ist Dir ja selber auch bewusst. Und über die stets steigende Zahl von Insolvenzen müssen wir nicht diskutieren. Das kann beinahe jedem Unternehmen passieren – sei es unverschuldet durch Einflüsse von Außen, oder durch eine schlechte Weltwirtschaftslage, fragile Märkte, neue Konkurrenz … Ursachen in dieser Hinsicht gibt es viele. Und unberechenbar sind sie obendrein.

Überlege einmal, was allein alles in Deinem Leben von Deinem Arbeitsplatz, den jemand Dir gegen Gehalt gewährt, abhängt? Von dem Geld zahlst Du Deine Miete, Dein Auto, Strom, Wasser, Versicherungen, Essen und Trinken, Dein Smartphone und vielleicht auch den einen oder anderen Kredit ab. Merkst Du etwas? Du bist abhängig von Deinem Einkommen durch diesen Job – komplett! Und damit bist Du diesem Unternehmen völlig schutzlos ausgeliefert. Findest Du das in Ordnung? Woher nimmst Du diese Sicherheit, dass es schon auf Dauer funktionieren wird. Weil es die letzten Wochen und Monate gut gegangen ist? Oh, oh, das wäre aber eine überaus fahrlässige Einstellung. Jetzt krabbelt ungutes Gefühl in Dir hoch und das sagt Dir: „Achtung! Hier existiert ein Risiko, das Du bisher noch nie so betrachtet hast, oder dass Du bisher noch nie so klar erkannt hast!" Aber genauso ist es. Und wie schützt Du Dich? Nein, rufe jetzt bitte nicht nach „Vater Staat". Der kann Dir eh nicht wirklich helfen, sondern höchstens das dann folgende Abrutschen in der Abwärtsspirale des Lebens einen minimalen Hauch für ganz, ganz kurze Zeit abbremsen, aber mehr mit Sicherheit nicht. Außerdem würdest

Du Dich von einer Abhängigkeit in die nächste begeben, und Dich einer neuen, noch viel gefährlicheren Willkür aussetzen – der eines unmotivierten, gelangweilten und extrem trägen, bürokratischen Staatsapparats.

Wie heißt es so schön? „Vorsorgen ist besser als Nachsorgen" – und genau das ist Deine Aufgabe und Deine Verantwortung. Und zwar nicht erst, wenn es zu spät ist, sondern jetzt, wo (noch) alles läuft und Dein Leben intakt ist. Vielleicht fragst Du Dich jetzt nach dem „Wie"? Ganz einfach:

 **Durch ein 2. Standbein verleihst Du Dir und Deinem Leben mehr Standfestigkeit und Sicherheit, und Du minimierst das Risiko, Opfer eines der dargestellten Szenarien zu werden. Weil Du das Gewicht Deines Lebens vom ersten auf das 2. Bein mit verlagern könntest. Somit macht es Sinn, einen Plan B zu haben, während Plan A noch funktioniert.**

Laut des Deutschen Instituts für Wirtschaftsforschung (DIW) beläuft sich das Erbvolumen bis 2027 in Deutschland aktuell bei rund 400 Milliarden Euro. Eine gewaltige Summe Geld! Und bis zum Jahr 2020 planen allein 236.000 Inhaber von kleinen und mittleren Unternehmen die Nachfolge, besagt der Bericht der KfW Research aus dem Jahr 2018. Der Hauptgrund: Generationswechsel! Das bedeutet, dass die meisten Unternehmen an die Kinder des jetzigen Eigners „vererbt" werden sollen, sofern diese geeignet und für den Businesssektor ausgebildet worden sind. Menschen, die ein Geschäft aufgebaut haben, die hinterlassen Werte. Und manche von ihnen haben sich sogar selbst ein Denkmal gesetzt. Okay, das ist nicht für jedermann wichtig, aber schön ist es doch später einmal in den Geschichtsbüchern oder zumindest in den Familien-Analen aufzutauchen. Eines aber steht ebenso fest: Ein Angestellten-Job lässt sich nicht an die eigenen Kinder oder an andere vererben und in den allerseltensten Fällen, erinnert sich der Nachfolger eines Angestellten noch an Deine ehemals erbrachte Leistung. „Aus den Augen, aus dem Sinn", heißt es dann vielmehr, wenn Du erst einmal ins Rentner-Dasein abgeschoben wurdest. Aussortiert, wie ein lahmer Esel, der zu nichts mehr zu gebrauchen ist. Traurig, aber wahr. Die Arbeit eines Lebens ohne nachhaltigen Wert. Die einzigen, die real von Dir und Deinem täglichen Einsatz profitiert haben, das sind dann entweder der Unternehmensinhaber oder die Aktionäre einer AG. Nur Du und Deine Liebsten gehen nach 40 Jahren oder gar mehr leer aus.

Was kannst Du im Alter von 65 Jahren besser als beispielsweise mit 25 oder 30? Überlege bitte einmal. Na, hast Du schon eine Idee? Fällt Dir etwas ein? Wie wäre es mit Lebenserfahrung? Ja, die hast Du dann, vielleicht sogar im Überfluss, aber das hat nichts mit Können im Sinne von Leistungsfähigkeit zu tun. Die Antwort auf die zuvor gestellte Frage ist daher so kurz wie niederschmetternd: Nichts! Weder geistig noch körperlich kann jemand im Alter von 65 mit einem 30-Jährigen mithalten. Ausdauer, Beweglichkeit, Reaktionsschnelligkeit, Konzentrationsfähigkeit, Aufnahme- und Lernbereitschaft, Kraft, Kondition – alles nimmt mit zunehmendem Alter ab.

Da stellt sich doch die Frage, warum dann so viele Menschen sehnsüchtig auf die Rente hinarbeiten und dies mit der fadenscheinigen Aussicht, sich dann die Wünsche zu erfüllen, die die meisten auch schon mit 25 oder 30 Jahren haben bzw. hatten. Sie wollen also glücklicher sein, und dies in einem Alter, wo sie den Genuss gar nicht mehr so genießen können – wenn überhaupt. Ist das nicht Irrsinn? Und selbst in Zeiten, wo die Frauen und Männer immer älter werden, heißt das aber nicht, dass sie damit auch immer länger gesünder bleiben. Das Gegenteil ist nämlich der Fall: Die Zahl der an Alzheimer Erkrankten nimmt rasant zu und in den Alters- und Pflegeheimen herrscht wegen Überfüllung fast schon ein nationaler Notstand. Denn es ist eben genau nicht so, dass die „Best- und Silver-Ager" wie die jungen Hasen durch die Gegend flitzen und vor lauter Vitalität nur so strotzen, wobei sie den Jungen mit einer Mischung aus Kraft und Erfahrung alle Ränge ablaufen. Sind wir doch an dieser Stelle einmal ehrlich: Wir reden doch gesellschaftspolitisch vom Jugendwahn in der Arbeitswelt, aber doch nicht von einer mehrheitlichen Auslastung der Arbeitsplätze durch alte, erfahrene Menschen. Im Gegenteil – die werden immer häufiger in den Vorruhestand verabschiedet und damit frühzeitig auf das Altenteil geschoben. Nicht umsonst ruft die Politik nahezu verzweifelt dazu auf, ältere Menschen und deren große Erfahrung länger zu nutzen. Und dies auch, damit die Alten die Chance haben, ihre meist kleine Rente aufzubessern.

Aha, da kommt schon der nächste Trugschluss zum Vorschein. Die Renten in Deutschland steigen permanent. Immer mehr

Rentner bekommen mehr Geld. Dabei steigt aufgrund der Überalterung auch die Anzahl der Rentenempfänger. Fatalerweise aber wird die Zahl derjenigen, die in die Rentenkassen, aus der alle dann versorgt werden, einzahlen, immer geringer. Eine Rechnung, die nicht aufgehen kann. Wenn immer weniger Beitragszahler immer mehr Rentner bezahlen, die auch zunehmend immer höhere Renten erhalten, dann ist die Kasse bald leer. Oder es finanzieren diejenigen die Rente, die übermorgen selber eine erhalten sollen. Pechsache, die gehen nämlich dann leer aus.

Hinzu kommt die Tragödie der drohenden Altersarmut. Heißt: Schon heute haben zu viele Rentner zu wenig, um damit gut über die Runden zu kommen. Ach, das also ist der Lohn nach 40 Jahren harter Arbeit? Toll, da hat sich das Angestelltendasein aber wirklich für diese Menschen gelohnt. So sehr, dass sie heute fast am Betteltuch nagen. Und jetzt kommst Du – jetzt wäre es doch an der Zeit sich die Frage zu beantworten, warum so viele Menschen davon träumen, sich im Rentenalter endlich ihre so langersehnten Wünsche zu erfüllen? Wenn sie doch meistens gar nicht die finanziellen Mittel dazu haben, oder körperlich bzw. geistig noch in der Lage dazu sind, diese Wünsche zu erleben oder zu genießen.

8 weitere Gründe, die das Angestelltendasein ziemlich unattraktiv machen:

1. Tausch der eigenen Zeit und Arbeitskraft gegen Geld ohne bleibenden Gegenwert und gegen meist zu wenig Lohn.

2. Arbeitszeiten werden fremdbestimmt und richten sich nicht nach Bio-Rhythmus sowie Leistungsplateau des jeweiligen Arbeitnehmers.

3. Man ist den Anordnungen des Chefs in jeglicher Art - und damit auch der Willkür – ausgeliefert und degradiert sich selbst zum Befehlsempfänger herab.

4. Der häufige Mangel an Lob schränkt das Leistungsvermögen ein, reduziert die Motivation, das Engagement und kann zu guter Letzt zu Krankheiten führen.

5. Keine freie Auswahl der Kollegen, somit muss der Arbeitnehmer ggf. mit Menschen, die ihm mehr als unsympathisch sein können, zusammenarbeiten. Und dies für die größte Zeitspanne des Tages.

6. Durch die einseitige Abhängigkeit an das Angestelltendasein ist der Arbeitnehmer mit seinem kompletten Leben dem Unternehmen ausgeliefert und von der Einhaltung des Vertrags durch den Arbeitgeber anhängig.

7. Trotz Verrichten der täglichen Arbeit schafft ein Angestellter keine bleibenden Werte, die er ggf. weitervererben kann, was auch für seinen Job gilt.

8. Eine zu geringe Rente und die drohende Altersarmut machen es vielen Angestellten in späteren Jahren unmöglich ihren Lebensabend zu genießen.

Jetzt kannst Du vielleicht noch mehr verstehen, warum sich zunehmend immer mehr Frauen und Männer nach einer beruflichen Alternative in Deutschland umsehen, und bei ihrer Suche dabei auch immer öfter auf das faszinierende Businessmodell Network-Marketing stoßen. Sicher, es ist ein anderer

Weg, nicht der gewöhnliche, nicht der übliche. Aber deshalb kann er ebenso richtig sein, wie es auch Frauen und Männer gibt, die für das Angestelltendasein regelrecht geschaffen sind und für die es daher von Vorteil ist, wenn sie im Angestelltendasein ihr berufliches Glück finden. Menschen leben halt von der Vielfalt. Das macht sie aus. Jeder ist ein Unikat und somit ist jeder auf seine Art und Weise einzigartig – so einzigartig wie Du es bist. Wie schön. Und weil das so ist, bekommt der Slogan „I do it my way" eine ganz besondere Bedeutung. Denn damit, dass so viele sich dem beruflichen Mainstream anschließen, mit der großen, breiten Masse schwimmen und immer nach den gleichen Wegen suchen, verhalten sie sich ja eigentlich konträr zur Einzigartigkeit. Wenn jeder anders ist, andere Tugenden und Skills hat, warum sollen diese verschiedenen Talente dann immer gleich eingesetzt werden? Das ergibt doch eigentlich gar keinen Sinn.

Stell' Dir vor, drei Architekten bauen jeweils ein Haus. Jedes davon soll aber später, wenn es fertig ist, anders genutzt werden und anderen Zwecken dienen. Das eine Haus soll eine Prachtvilla für eine große Familie werden. Das zweite Haus soll künftig als Hotel fungieren und viele Gäste beherbergen. Das dritte Haus soll zu guter Letzt ein Konzerthaus sein, in dem die Musik zuhause sein wird. Die Drei Architekten kennen sich gut. Sie haben zusammen studiert und arbeiten auch gern zusammen, weil sie gute Freunde sind. Da sagt der erste: „Ich schlage vor, wir arbeiten wie immer – mit den gleichen Plänen, mit den gleichen Gewerken und mit der gleichen Konstruktion!" – „Prima!", stimmen die anderen zu, „dann brauchen wir auch die Statik nicht zu ändern oder neu zu berechnen und außerdem wissen wir dann schon genau, wie viel Material wir benötigen, wo wir es kostengünstig einkaufen können und wo wir es am besten lagern. Denn es wird ja so viel wie immer sein, da wir genau das bauen, was wir immer bauen und wofür wir bekannt sind!" Also machten die Drei sich ans Werk und bauten drauflos, so wie sie es bisher immer getan hatten. Als sie fertig waren, kamen die Auftraggeber für die Villa, für das Hotel und für das feine Musikhaus. Und sie staunten nicht schlecht, weil sie sich auf das Ergebnis, welches sie vorfanden, keinen Reim machen konnten. Zwar hatten die Häuser viele Zimmer, wie ein Hotel es braucht. Sie waren groß genug, wie eine Konzerthalle es allein schon wegen des Klangs nötig hat. Und sie waren wirklich schick von außen, hatten sogar einen Pool eingebaut bekommen. Aber alle drei Häuser sahen gleich aus und waren nur jeweils als ein Krankenhaus zu benutzen. Denn genau das war es, was die drei Architekten bisher immer gebaut hatten – Krankenhäuser. Und da sie nicht von ihren bisherigen Plänen, Erfahrungen und der Art und Weise abgewichen waren, wie sie es immer gemacht hatten, kam am Ende eben auch das gleiche bei heraus.

Genauso ist es, wenn Du einen beruflichen Werdegang einschlägst, den fast alle auswählen. Die Individualität geht komplett verloren, und Du schwimmst in der Masse. Lerne viel und gut, dann schaffst Du eine gute Abiturnote, die Dir wiederum jedes Studium Deiner Wahl ermöglicht. Und danach bekommst Du dann einen guten Job angeboten, wo Du Geld verdienen kannst. Herzlichen Glückwunsch. In Deutschland gibt es derzeit pro Jahr rund 800.000 Schulabgänger, von denen knapp 400.000 ein Abitur haben. Von denen wiederum wollen laut Statistischem Bundesamt 73 Prozent ein Studium beginnen (*Stand November 2018*). Das sind also drei von vier Abiturienten, die vom Klassenzimmer direkt in den Uni-Hörsaal wechseln. In Zahlen wären das dann 292.000 neue Studenten und das, obwohl in Deutschland aktuell schon knapp drei Millionen Studenten fleißig am Pauken sind. Und die meisten davon drängen dann auf den Arbeitsmarkt, um sich wiederum auf eine freie Stelle als Angestellter zu bewerben. Da bekommt der Satz „I do it my way" doch eine völlig neue Gewichtung, erscheint in einem neuen Licht und bekommt eine ganz andere Bedeutung. Denn wenn nur ein Prozent von diesen drei Millionen Studenten einen neuen, einen anderen, einen eigenen Weg gehen würden, dann wären das immer 10.000 Individualisten, die es anders machen und gegen den Strom schwimmen würden. Natürlich ist ein Abitur wertvoll und natürlich ist ein Studium eine tolle Ausbildung. Keine Frage – aber die Garantie auf ein Leben in Freiheit, in Unabhängigkeit durch Selbstbestimmung, mit ausreichendem Vermögen, um das Leben auch in vollen Zügen und dennoch mit Verantwortung genießen zu können, nein, das ist es eben nicht.

Und was ist außerdem mit denjenigen, die kein Abitur haben? Müssen die in unserer Gesellschaft gleich aufs Abstellgleis? Ist für die der Zug für ein schönes, zufriedenstellendes Leben, der Anspruch auf Glück, auf finanzielle Freiheit und auf Selbstbestimmung schon von vornherein abgefahren? Dürfen die am Glück des Lebens nicht mehr teilhaben? Vielleicht haben gerade diese Menschen Talente und Fähigkeiten, die eventuell für das Abitur nicht ausreichend gefragt waren, aber für eine andere Karriere?

Es gibt nur einen Weg, etwas anders zu machen, etwas zu verändern und damit auch ein anderes Ziel zu erreichen: anders denken und anders handeln. Schon der große, kluge und weise Albert Einstein wusste:

 **„Die reinste Form des Wahnsinns ist es alles beim Alten zu lassen und gleichzeitig zu hoffen, dass sich etwas ändert!"**

Es ist das Bienen- und das Wespen-Prinzip. Fliegt nämlich eine Biene surrend gegen eine Glasscheibe, dann tut sie es meistens immer und immer wieder. Sie erkennt nämlich nicht, dass sie ihren Weg ändern muss, um beispielsweise in ein Haus hineinzufliegen. Selbst wenn das Fenster gekippt ist, arbeitet sie sich nicht auf alternativen Wegen entlang, um eben eine Möglichkeit zu finden, in das Haus zu gelangen, wo eventuell ein frisch gebackener Pflaumenkuchen auf dem Tisch steht, dessen Duft die Biene angelockt hat. Nein, die Biene fliegt immer und immer wieder im gleichen engen Radius gegen die durchsichtige Fensterscheibe und gibt irgendwann entnervt auf. Ganz anders die Wespe. Sie versucht es ein bis zwei Mal und geht dann auf die Suche nach einer alternativen Möglichkeit, um eben hinter die gekippte Fensterscheibe zu gelangen. Meistens gelingt ihr das auch, indem sie beispielsweise am Fensterrahmen entlangsurrt und dabei diverse Möglichkeiten ausprobiert, zum

Pflaumenkuchen zu gelangen. Du kannst das im Sommer gut beobachten und wirst den Unterschied zwischen Biene und Wespe schnell erkennen.

Stellt sich die Frage, nach welchem Prinzip Du im Leben vorangehst und was Du bist – Biene oder Wespe? Denn: Mit den gleichen Mitteln und Rezepten wird auch das Ergebnis immer gleich sein und bleiben. Aber 117 Millionen Menschen weltweit machen es doch vor – sie haben einen anderen Weg gesucht und gefunden und der heißt eben Network-Marketing. Dabei sind sie alle auf ihre Art und Weise so verschieden. Sie haben unterschiedliche Schulabschlüsse, unterschiedliche Ausbildungen, vielleicht auch gar keine Ausbildung. Sie haben aber vor allem alle sehr unterschiedliche Tugenden und Fähigkeiten, die sie wiederum auch sehr unterschiedlich einsetzen. Darüber hinaus haben sie allesamt andere, eigene vom bisherigen Leben und dem Elternhaus geprägte Charaktere und leben in unterschiedlichsten Ländern.

Was sie aber eint, ist der Mut etwas zu probieren, die Aufgeschlossenheit für etwas Neues und die Freude an der Arbeit mit Menschen. Sie wollen anderen helfen, ihnen etwas Gutes tun und ihnen das Leben etwas erleichtern oder vereinfachen. Egal, ob Sie ihre Dienste und Produkte anbieten oder eine Chance bieten – eine Chance auf einen Neubeginn, auf ein zusätzliches Einkommen, auf den Aufbau eines Unternehmens, der Errichtung eines zweiten Standbeins – es gibt viele Möglichkeiten von der Geschäftsidee Network-Marketing zu partizipieren und sie lässt sich sehr individuell einsetzen und zum jeweiligen Vorteil nutzen. Auch das macht das Geschäft so einzigartig. Vorbilder gibt es also genug. In heutigen Zeiten kennt doch beinahe jeder schon jemanden, der mit diesem aufregenden Business etwas unabhängiger, vielleicht auch wohlhabender, eventuell sogar vermögend geworden ist oder zumindest ein Stück weit unabhängiger – sei es finanziell oder auch wirtschaftspolitisch. Insofern ist das Network-Business immer weniger eine Option oder gar ein unbekannter Weg, sondern es etabliert sich zunehmend, weil halt immer mehr Menschen sich mit dieser Industrie identifizieren und den Drang oder auch die Lust verspüren, etwas in ihrem Leben anders als andere zu machen. Aber auch, weil die Notwendigkeit mehr und mehr besteht, aus den alten Denkmustern auszubrechen, um sein Leben nicht nur zu meistern, sondern es mit erfüllender Vitalität zu bereichern und ihm einen eigenen Glanz zu verleihen, der eben Wohlstand, Freiheit und Zufriedenheit beinhaltet.

11. Unterschiede in der Selbstständigkeit – es gibt sie

Dass Selbstständigkeit und freies Unternehmertum nicht wirklich das gleiche sind, das hast Du schon erfahren. Doch was ist dann Network-Marketing? Selbstständigkeit? Na klar! Unternehmertum? Aber sicher doch! Freiberuflichkeit? Passt auch! Start-up? Selbstverständlich, wenn es losgeht. Du brauchst jetzt nicht verwirrt zu sein, denn das Network-Marketing-Business ist so ziemlich alles, was Du Dir in Bezug auf wirtschaftliche, geschäftliche und finanzielle als auch unternehmerische Freiheit vorstellen kannst. Dennoch ist das kein

Freifahrtschein zur beruflichen Anarchie, in der Du rücksichtslos machen kannst, was Du willst und wie es Dir beliebt. Nein, auch hier herrschen Regeln. Die müssen sein, denn ohne sie regiert das Chaos. Aber dennoch bekommt der Begriff Freiheit im Zusammenhang mit Network-Marketing eine gewisse neue Dimension. Selbst wenn er schon hier und da manchmal in gewissen anderen Bereichen, Themenfeldern und vor allem ideologischen Zusammenhängen überstrapaziert wurde. Freiheit spielt im Network-Marketing aber eine gewichtige Rolle und dies zieht sich durch alle Bereiche – von der Art und Weise, wie Du das Geschäft betreiben kannst, über die Größe Deines Geschäfts, die Höhe Deines Einkommens, das Tempo Deiner Karriere – Du hast die Freiheit. Jedoch, und das darfst Du niemals vergessen: Du hast auch die volle Verantwortung. In erster Linie natürlich für Dich selbst und für Dein direktes Umfeld, das von Deinem Tun eventuell tangiert wird. In Deiner Verantwortung liegt alles, was Du tust und was Du aber ebenso nicht tust. Denn auch Unterlassungen haben Auswirkungen. Am besten ist dies alles zu erkennen, wenn Du einmal das klassische Unternehmertum mit dem Network-Marketing-Business vergleichst. So eine direkte Gegenüberstellung ist mehr als nur offenbarend, sie spricht für sich allein.

A. Nichts geht ohne eine IDEE
Unternehmen: Die einen eröffnen einen Blumenladen, oder setzen auf ein aktuelles Gastronomie-Prinzip. Die nächsten entwickeln ein massentaugliches Elektro-Auto, wieder andere basteln in der Garage Computer neuartig zusammen. Und wieder andere haben eine tolle Idee, wenn es um die Entwicklung

von Apps geht oder erfinden barrierefreie Badewannen. Was es nicht alles gibt. Doch sind das ja nur ein paar ganz wenige Beispiele. Sie alle haben aber etwas gemeinsam: Diesen Start-ups liegt eine Idee zugrunde. Denn das ist der Ausgangspunkt von allem. Wer selbstständig werden und sich als Unternehmer profilieren will, der braucht nämlich die zündende Idee. Etwas, was anderen hilft, was nützlich ist, anderen den Alltag erleichtert oder aber einfach nur einzigartig schön oder mega unterhaltsam ist, dass andere es auch haben oder nutzen wollen. So entsteht Bedarf nach etwas. Und genau das ist der Anreiz, damit Du überhaupt ein Geschäft aufbauen kannst. Nämlich indem Du etwas anbietest, was andere haben möchten und wofür Sie Dir Geld zahlen. Der „Kasus Knacktus" dabei aber ist: Woher eine Idee nehmen? Mal eben so zwischendurch etwas erfinden, nein, so einfach funktioniert das nicht. Oft geht einer erfolgreichen Geschäftsidee eine jahrelange Entwicklungsphase, viele Tests und intensive Planungen voraus. Und selbst wenn Du so eine Idee hast, weißt Du immer noch nicht sicher, ob es funktioniert. Auch, wenn Du noch zusätzlich kostenaufwendige Marktforschung betreibst.

Network-Marketing: Wie schön wäre es, wenn man da eine funktionierende Geschäftsidee einfach übernehmen könnte, ohne sich des Plagiierens strafbar zu machen. Also nicht einfach ohne Erlaubnis eine Sache, ein Produkt oder eine besondere Dienstleistung kopieren. Das wäre ja beinahe zu schön, um wahr zu sein. Beim Network-Marketing geht das nicht nur, sondern es ist sogar erwünscht. Denn genau das ist das Prinzip dieser Industrie: eine mehrfach, jahrelang, er-

folgreich erprobte und angewandte Idee adaptieren, die auch andere schon erfolgreich übernommen haben. Du musst also weder eine Idee haben und entwickeln, noch musst Du etwas erfinden. Sondern die Produkte oder die Dienstleistung gibt es schon und ebenso alles andere, was zu dem Business gehört. Du brauchst es nur 1:1 nachmachen und ebenso gemäß der erprobten Konzepte umzusetzen, und so die Idee vervielfachen. Einfacher geht's kaum.

B. Aller Anfang ist teuer – das liebe GELD

Unternehmen: Vielleicht hast Du ja schon einmal mit einem oder gar mehreren Unternehmensgründern und etablierten Unternehmern gesprochen und sie gefragt, wie sie einst angefangen haben. Die meisten werden Dir erst einmal davon berichten, wie viel Geld Sie selber in ihre Ideen und Projekte investiert haben, bis sie soweit fertig entwickelt waren, dass sie sich anfingen zu rentieren. Die einen haben alles an finanziellen Mitteln geopfert, was sie selber besaßen. Andere bekamen Unterstützung aus der Familie oder von Freunden. Manche aber mussten sich das Geld teuer bei Banken leihen und es zu hohen Zinsen und Tilgungsraten wieder zurückzahlen. Oder aber sie haben einen Mitinvestor gefunden. Jemand, der an ihre Idee glaubte, Ihnen darum Kapital zur Verfügung stellte und damit bei der Entwicklung und der anschließenden Produktion und Markteinführung half. Im Gegenzug für dieses Risikokapital, das ja verloren gewesen wäre, wenn sich die Idee bzw. das Produkt am Markt nicht durchgesetzt hätte, gehört ihm nun ein gewisser Anteil an der Firma und er zieht seine Rendite daraus. Der Druck, der dabei auf dem Unternehmensgründer lastet, ist gewaltig. Denn oftmals haftet er mit seinem ganzen Hab und Gut. Ist die angedachte, zündende Idee nämlich ein „Rohrkrepierer", kann ihn das selber in den Ruin treiben. Du siehst also, das Risiko ist enorm und der Kapitalbedarf ist ebenso groß. Wenn aber beides gestemmt wird, steht dem unternehmerischen Erfolg nichts mehr im Wege.

Network-Marketing: Wer hier startet, der braucht nicht nur keine Idee zu entwickeln, sondern der muss auch nicht auf Kapitalsuche gehen oder bringt sich selber in Existenzgefahr. Der Start in dieser Branche ist meistens mit ein paar wenigen 100 Euro schon zu bewältigen – wenn überhaupt. Keine Frage, das ist auch Geld und 100, 200 oder gar 300 Euro sind für so manchen nicht wenig. Aber im Vergleich zu den teilweise zweistelligen Millionenbeträgen bei klassischen Unternehmen, darf man hier doch getrost von „Peanuts" sprechen. Nicht umsonst hat sich der Begriff der „Taschengeldinvestition" etabliert. Wirtschaftswissenschaftler sprechen hierbei auch vom sogenannten Micro- oder Macro-Business, also Unternehmen mit kleinem oder großem Startkapitalsummen. So klein die benötigte Geldsumme beim Start aber auch sein möge – so groß können die Gewinne später sein, die mit diesem Network-Business erwirtschaftet werden. Genau das ist der Moment, wo gestandene Unternehmer aus dem ungläubigen Kopfschütteln gar nicht mehr rauskommen. Denken Sie doch stets noch an den Kapitalaufwand, den sie zu Beginn betreiben mussten und den Druck, der auf Ihnen lastete, wenn das Geschäft nicht ins Laufen gekommen wäre. Fatal. Wie entspannt können dagegen Netzwerker durchstarten.

C. Schnell ins VERDIENEN kommen

Unternehmer: Solange der neue Unternehmer das benötigte Startkapital – sofern es ihm nicht selber gehörte – nicht mit Zinsen zurückbezahlt hat, kann er keinen Cent realen Gewinn aus seinem Geschäft entnehmen. Er zahlt sich maximal ein kleines, bescheidenes Gehalt, damit er über die Runden kommt. Mehr ist aber anfangs nicht drin. Und bei den manchmal benötigten hohen Summen an Startkapital, kann es oftmals Jahre dauern, bis der Unternehmer endlich einmal von seiner Idee, dem Geschäftsaufbau, der ganzen Arbeit und dem Risiko befreit ist und dann an den „süßen Töpfen des Erfolges" naschen kann, indem er monetär von all dem Einsatz profitiert. Ein Geschäft ist erst dann rentabel, wenn zuallererst das anfangs investierte Kapital wieder erwirtschaftet wurde und man quasi den Nullpunkt als Startpunkt erreicht hat. Ökonomen sprechen dabei vom „Return of invest".

Network-Marketing: So flexibel und schnell die Branche ist, so schnell wird auch der doch eher kleine Startbetrag wieder zurück in das eigene Portemonnaie fließen. In der Regel ist dies schon nach wenigen Wochen bzw. Monaten erfolgt. Denn auch das ist der große Charme dieser Industrie: Gewinne sind schon nach kürzester Zeit möglich und hängen insbesondere vom individuellen Einsatz, Fleiß und Engagement des jeweiligen Networkers ab. Das heißt somit: Du kannst damit also selber bestimmen, wie schnell Du nach dem Start die Gewinnzone erreichst. Denn Du setzt ja nicht auf ein „unbekanntes Pferd", sondern auf ein über Jahre hinweg lange und vielfach erprobtes Konzept, bei dem Du ganz schnell feststellen kannst, wie schnell und mit welchem Aufwand bzw. Einsatz die Höhe der Gewinne zu erzielen sind. Nicht umsonst sprechen Networker immer wieder davon, dass bei Ihnen im Business der Erfolg und damit auch Umsatz und Gewinn planbar sind. Aussichten, von denen klassische Unternehmer trotz Businessplänen nur träumen können.

D. Nach der PLEITE kommt die Schmach

Unternehmer: Es kann einfach jedem passieren und vielen, heutzutage erfolgreichen Unternehmern ist es auch schon passiert: Sie haben eine Pleite hingelegt. Das bedeutet: Es hatten sich mehr Kosten aufgestaut, als Gewinne erzielt wurden, mit denen die Kosten hätten bedient werden können. Das hat nicht unbedingt etwas mit kaufmännischer Unfähigkeit, mit Missmanagement oder gar mit einem unseriösen Geschäftsgebaren in der Geschäftsführung zu tun. Dass ein Unternehmen zur Aufgabe gezwungen wird, kann an einem veränderten Markt liegen, an einer Konkurrenz, die z.B. mit Dumpingpreisen arbeitet, oder auch mit Innovationen, die eine bisherige erfolgreiche Geschäftsidee veraltet und überholt erscheinen lassen. Schon ist der Konkurs als nahezu unausweichliche Konsequenz vorprogrammiert. Gerade heutzutage leben wir in einer schnelllebigen Welt, die sich immer schneller um uns herum zu drehen scheint. Doch die Aufgabe eines insolventen Unternehmens ist nur die eine traurige Seite der Medaille. Beinahe noch schlimmer wiegt der Imageverlust und die persönliche Schande. Obwohl es sich objektiv gesehen meist um gar keine Schande handelt, so wird ein Unternehmer, der Konkurs anmelden musste, gerade in Deutschland regelrecht stigmatisiert.

Während man in Frankreich oder in den USA einen Konkurs eher als einen Erfahrungswert betrachtet, wird hierzulande jemand sogar noch bestraft, indem er sieben Jahre keine Firma führen darf, er nur schwer ein Bankkonto erhält und wenn es z.B. um Verträge für Smartphones, Versicherungen etc. geht, wird so jemand beinahe wie eine „ansteckende Krankheit" behandelt. Auch, weil mit der Pleite sein Schufa-Score und damit seine Kreditwürdigkeit automatisch auf fast null gesenkt wird, was ihm die Teilnahme am Wirtschaftsleben in Deutschland nahezu unmöglich macht.

Network-Marketing: Dieses moderne Business des 21. Jahrhunderts ist sicherlich keine Garantie, wirtschaftlich immer alles richtig zu machen. Selbst hier kann die Situation real werden, dass ein Networker mehr Kosten als Einnahmen produziert. Aber das liegt dann eher nicht am System, am Markt, an Mitbewerbern oder an revolutionären Innovationen. Hier sind meist Misswirtschaft und persönliche Fehler im Umgang mit Geld als Grund zu nennen. Und vor allem zieht das Scheitern in der Network-Marketing-Branche nicht auch gleich einen extrem herben Imageverlust nach sich. Da zeigt niemand mit dem Finger auf einen – nicht einmal in Deutschland. Auch negative Auswirkungen auf Banken, Schufa oder andere Verträge, die mit Geld in Zusammenhang stehen, gibt es eher nicht. Das liegt auch daran, dass viele Frauen und Männer diese Industrie als Seiteneinsteiger kennenlernen und dann dort aktiv werden. Sie können sich austesten, können das Geschäft probieren, was für einen klassischen Unternehmer unmöglich ist. Und erst nach erfolgreichem Ausprobieren entscheiden sich künftige Networker, ihr berufliches Gewicht zunehmend auf die Network-Branche zu legen. Schon hierbei und auch in den Folgejahren lernen sie – auch aufgrund einer qualitativ hervorragenden Ausbildung durch die meisten Partner-Unternehmen – viel über das Dasein als Selbstständiger und als Unternehmer. Wer dann später einmal doch noch ins klassische Unternehmertum wechseln möchte, der ist dann bestens dafür gerüstet: nämlich durch aktives „Training on the job".

 **Daher wird Network-Marketing auch oftmals anerkennend als die beste „Schule des Lebens" bezeichnet.**

E. Das Glück von gutem PERSONAL

Unternehmen: Wer für seine Firma Personal benötigt, muss nicht nur geeignete Mitarbeiter suchen und finden. Er muss sie zum einen auch bezahlen können und dazu stets motivieren. Das heißt im Umkehrschluss: Kein Unternehmer kann es sich leisten, unbegrenzt viele Mitarbeiter einzustellen. Und die dazugehörige motivierende Führung obliegt ganz allein ihm. Er muss darauf achten, dass sich die Konkurrenz untereinander zudem in gesunden Dimensionen bewegt und nicht zum offenen Kampf ausartet, wenn nämlich Neid und Missgunst anfangen, ihre niederträchtigen Wurzeln zu schlagen und auszubreiten.

Network-Marketing: Wie schön, hier sieht die Welt ganz

anders aus. Da der selbstständige Networker nämlich keine festangestellten Mitarbeiter einstellt, für die er sehr viele Verpflichtungen wie z.B. permanente Lohnzahlungen, Entrichtung der Lohnnebenkosten, Ausbildung, Weiterbildung und deren Motivation eingeht, kann er unbegrenzt Menschen in sein Team holen. Sie sind alle Partner auf Augenhöhe und sorgen ja mit ihrer Selbstständigkeit auch selber für ihr Einkommen. Außerdem geht es im Network-Marketing grundsätzlich als Team um das Mit- und nicht um das Gegeneinander. Wettkampf ja, Freude an sehr guten Ergebnissen und Lust an der erfolgreichen Performance – aber ohne Neid und negativen Konkurrenzgedanken. Warum das so ist? Weil die Strukturen übergreifend ausbilden, ausgebildet werden, sich mit Rat und Tat zur Seite stehen, gemeinsame Ziele verfolgen, von der Unterstützung des Partnerunternehmens profitieren. Und auch die Führungskräfte der verschiedenen Sidelines geben ihr Wissen und Know-how gerne an andere weiter, um ihnen auf dem Weg zum Erfolg zielführend behilflich zu sein.

F: KONZENTRATION auf die wirkliche Aufgabe

Unternehmer: Hier noch ein Formular ausfüllen, notwendige Bescheinigungen besorgen, dort noch einen Antrag stellen, dann unzählige Unterschriften geben, sich mit Steuerfragen plagen – die Bürokratie frisst viele Unternehmer regelrecht auf. Laut einer Umfrage des Unternehmerverbandes „Die Jungen Unternehmer" verbringt das Gros an Firmengründern bis zu 15 Stunden pro Woche allein für staatlich verordnete Dokumentationspflichten. Das sind im Schnitt rund zwei volle Arbeitstage! „Gründer verlieren im deutschen Bürokratie-Dschungel zu viel Zeit für Papierkram und Formalien und können sich einfach zu wenig um ihr Geschäft kümmern", erklärt Lencke Steier, Vorsitzende des Unternehmensverbands in einem Interview mit „Perspektive Mittelstand".

Aber auch zig andere Dinge – von Rechtsstreitigkeiten bis zum Kauf von Briefmarken – halten den Unternehmer von seinen eigentlichen Aufgaben ab. Doch gerade hier hat er seine Kernkompetenzen. Das ist das Feld, auf dem er sein Unternehmen gebaut hat und auf dem er wachsen will. Aber wie, wenn er zu seiner eigentlichen Arbeit kaum noch kommt? Da kommt dann schnell Frust statt Lust auf – die wohl schlechteste Motivation für einen jungen Unternehmer. Die einzige Möglichkeit sich von diesem Ballast zu befreien, ist, neues Personal einzustellen, das sich dieser nervigen aber eben notwendigen administrativen Arbeiten widmet. Aber – das kostet wieder Geld und ist im Budget wahrscheinlich nicht vorgesehen. Ein Kreislauf, der einen Unternehmer zur Verzweiflung bringen kann.

Network-Marketing: Natürlich muss sich auch ein Networker um viele Aufgaben kümmern, aber lange nicht in diesem Ausmaß wie es ein Unternehmer tun muss. Er kann sich vielmehr auf seine wesentlichen Pflichten konzentrieren, sich insbesondere dem Netzwerk-Aufbau widmen, der Ausbildung seiner Partner, der Motivation seiner Up- and Sidelines, der Erarbeitung und Verfolgung unternehmerischer Ziele. Alles in allem kann er sich auf seine wesentlichen Funktionen fokussieren und seinen geschäftlichen Erfolg sowie den seiner Partner im Auge behalten. Das ist aber auch deswegen möglich, weil viele administrative Aufgaben ohnehin schon vom Partnerunter-

nehmen des Networkers übernommen und dorthin outgesourct werden.

G: An einen festen ORT gebunden

Unternehmer: In der Regel verbindet man bestimmte Unternehmen auch mit speziellen Regionen oder bestimmten Städten. Manche machen daraus sogar einen Werbeslogan. Noch vor Jahren tönte es aus dem Fernseher „Hamburg", wenn das große Versandhaus der Hansestadt warb. Oder denken wir an Biermarken, wo der Name nicht Programm aber sehr oft die Region markiert. Insofern wird deutlich, wie eng Standort und Unternehmen miteinander verbunden sind. Vielleicht profitiert ein Unternehmer sogar von Standortvorteilen, von finanzieller Förderung der Wirtschaft, von einer guten Infrastruktur wie Flughafen, Bahn oder Speditionen. Aber andererseits ist er auch stets an diesen einen Ort gebunden. Dort wohnen die meisten seiner Mitarbeiter, dort wird er ggf. sogar sein Unternehmensgebäude und die gesamte betriebliche Infrastruktur von der Lagerhalle bis zur Mitarbeiterkantine haben. All dies macht es ihm ziemlich unmöglich, sein Geschäft dort auszuüben, wo er gerne oder lieber sein möchte. Die regionale Abhängigkeit ersetzt somit die Flexibilität und schränkt zudem die eigene Mobilität ein.

Network-Marketing: Einmal gut ausgebildet, kann der Networker mit seinen Fähigkeiten eigentlich überall und nirgends aktiv werden – an jedem Ort seiner Wahl. Ja, sogar in jedem Land seiner Wahl. Denn er kann einerseits seine Strukturen aus der Ferne via Internet betreuen und führen und ande-

rerseits solche Strukturen in anderen Regionen seiner Wahl aufbauen. Dies nur unter dem Einsatz seines Network-Know-hows. Was er lediglich dazu benötigt, ist ein Internetzugang oder ein funktionierendes WLAN-Netz – fertig. Mit einer PIN loggt er sich entsprechend ein und schon kann er sein Geschäft wieder aufnehmen. Dies allein ermöglicht ihm, all seine Partner, unabhängig wie viele – ob erst anfangs ein paar oder schon mehrere Tausende –, weltweit zu managen und betreuen. Eine regionale Abhängigkeit gibt es daher in der Form nicht. Selbst im Urlaub kann der Networker sein Geschäft betreiben – er kann vor Ort neue Partner gewinnen und kann die bestehenden Strukturen entsprechend führen. Einen Verdienstausfall hat er darüber hinaus nicht zu beklagen, denn er betreibt sein Geschäft ja weiter und partizipiert darüber hinaus ja auch an den Umsätzen seiner Downline-Partner. Für den klassischen Unternehmer ist das alles beinahe undenkbar, für den Networker eher das Normalste der Welt. Er kommt quasi mit einem Klick in sein Business, statt mit Schlüssel und Aktenkoffer. Leinen los für Freiheit auf der ganzen Linie – das ist Network-Marketing.

H: Vorbildlich gelebte GLEICHBERECHTIGUNG

Unternehmer: Bis heute sind Frauen in den Chefetagen deutscher Unternehmen klar unterrepräsentiert. Auch die Führungsriegen haben meistens in Bezug auf einen ausgewogenen Frauenanteil große Defizite. Lediglich 37 Prozent aller Selbstständigen sind Frauen, jedoch in der aktuellen Start-up-Szene sieht es trauriger aus: Hier gründen nur 15,1 Prozent Frauen. Das jedenfalls sind die Ergebnisse des Deutschen Start-up

Monitor 2018. Die Gründe hierfür sind immer wieder die gleichen – und sie sind kein deutsches Phänomen. Zum einen sind Frauen nachweislich erheblich risikoscheuer und wählen lieber den Faktor Sicherheit. Den sehen sie oftmals im Angestelltenverhältnis. Wie sicher bzw. eher unsicher das aber ist, das haben wir ja schon eingehend dargestellt. Hinzu kommt, dass Frauen daher oftmals auch schwieriger an benötigtes Startkapital kommen und ihnen zudem oftmals als aktive Mutter von Kindern nicht die nötige Flexibilität bei den Zeitressourcen zur Verfügung steht.

Network-Marketing: Gleichberechtigung ist im Network-Business kein Thema, es ist eine Selbstverständlichkeit. Transparente, einheitliche Karrierepläne die für Frauen ebenso gültig sind wie für Männer – ohne Ausnahme. Das bedeutet: Gleicher Verdienst für gleiche Leistungen und darüber hinaus gleiche Karriere- und Erfolgschancen. Und da jeder Networker frei entscheidet, wie, wo und wann sowie wie viel er arbeitet und sich in seinem Business engagiert, haben vor allem Frauen – ob Mütter in der Familie, ob alleinstehend oder alleinerziehend – im Network-Marketing durch die freie Zeiteinteilung die ideale Möglichkeit ihr eigenes Business nach ihren Bedürfnissen aufzubauen und zu führen. Network-Marketing ist nicht umsonst das Business, dass für Gleichberechtigung schlechthin steht.

Wow, so viele Vorteile auf einen Haufen. Da kommt man doch schnell in die Versuchung zu überlegen, wo der Haken ist? Denn wenn das alles so toll ist, dann müsste doch eigentlich jeder Networker werden. Die Antwort darauf ist ganz einfach: Jeder hat auch die Chance Schuster oder Friseurin zu werden, und dennoch entscheiden sich viele anders. Warum? Weil jeder Mensch eben anders ist und jeder andere Talente und Fähigkeiten besitzt. Denn nur, weil es die Möglichkeit gibt, heißt es ja noch lange nicht, dass man sie ergreift oder gar ergreifen muss.

Die Chance Network-Marketing ist genau das: eine Chance auf einer breiten Angebotspalette an Jobs und Möglichkeiten, um Geld zu verdienen und um sich beruflich zu verwirklichen. Aber im direkten Vergleich im Bereich der Selbstständigkeit ist das Network-Business sicherlich mit das attraktivste, wie Du bestimmt bisher deutlich erkannt hast. Denn es ermöglicht allen und jedem die Chance freier, selbstbestimmter und erfolgreicher zu werden, als er bisher war und vielleicht auch voraussichtlich künftig sein wird.

 **Network-Marketing bietet die Möglichkeit einer neuen Dimension an Karriere und Erfolg und zwar auch für alle diejenigen, denen dieser wunderbare Weg dorthin bisher verbaut war.**

12. Mach Deinen persönlichen Network-Check

Vielleicht fragst Du Dich nun, ob Network-Marketing nicht auch für Dich genau das Richtige ist. Nach all den vielen Vorteilen, die Du über das faszinierende Business gelernt hast. Oder eventuell bist Du schon in den Startlöchern, hast schon erste Erfahrungen gesammelt und willst am liebsten wissen, ob Du tatsächlich in dem für Dich richtigen Business aktiv geworden bist. Dann mache doch einfach mal den anschließenden Test und beantworte die Fragen. Aber nicht schummeln! Nach der Auswertung wirst Du sicherlich noch schlauer sein und Dich in Deiner Ansicht noch weiter gefestigt sehen.

NETWORK-MARKETING – WIE SEHR BIST DU JETZT SCHON EIN ECHTER NETWORK-TYP?

Und so funktioniert unser kleiner Do-it-yourself-Check: Einfach die Frage ehrlich und selbstkritisch beantworten, indem Du die passende oder die am ehesten zutreffende Antwort ankreuzt. Wenn Du fertig bist, zählst Du einfach die Punkte zusammen. Diese findest Du auf der Seite 157. Aus der Summe der Punkte ergibt sich Dein persönliches Check-Ergebnis. Auch auf der Seite 157 findest Du dann die für Deine Punktezahl passende Auswertung, aus der Du entsprechend ablesen kannst, ob Du ein Vollblut-Networker bist, für den das Business mehr als richtig ist oder ob Du auf einem guten weg dahin bist. Und jetzt viel Spaß, los geht's auf der folgenden Seite:

1. Auf einer Skala von 1 bis 10, wobei 10 die Höchstnote ist: Wie zufrieden bist Du derzeit mit Deiner aktuellen Lebenssituation? Berücksichtige dabei alle großen Teilbereiche, die Dein Leben ausmachen.

a) Bei mir gibt es noch Luft nach oben. Derzeit würde ich mich selbst maximal auf einer Stufe 5 oder 6 einordnen. Aber ich weiß auch, was zu tun ist und habe mir fest vorgenommen anzupacken, um es auf die Höchstnote 10 zu schaffen. Das Buch hat mir dazu sehr geholfen und mir in so mancher Hinsicht die Augen geöffnet.

b) Läuft! Ob privat oder beruflich – sehr viel besser könnte ich es aktuell gar nicht treffen. Das macht mich sehr glücklich und zufrieden. Aber ich weiß auch, dass einem nichts auf Erden geschenkt wird, darum bin ich nicht selbstzufrieden, sondern arbeite immer daran, dass alles gut ist oder sogar noch viel besser wird.

c) Es gibt bei mir im Leben noch viel zu tun und damit auch viel zu verbessern. Leider stehe ich mir dabei manchmal selber noch im Wege, weil ich oftmals doch lieber den bequemen Weg gehe. Das weiß ich!

2. Für die einen ist das Glas Wasser immer halb voll, für die anderen aber halb leer. Wie siehst Du das? Bist Du jemand, der positiv durchs Leben geht oder eher jemand, der erst einmal vom Schlimmsten ausgeht und nach dem Motto lebt: „Es kann ja noch immer besser werden!"

a) Da ich oft Angst habe enttäuscht zu werden, rechne ich lieber mit dem Schlimmsten. Das ist meine eigene Lebenserfahrung. Mich nerven Leute, die dem größten Übel noch etwas Gutes abgewinnen können.

b) Zwar gehe ich immer erst einmal vom Besten aus, aber nicht zu euphorisch, damit die Enttäuschung nicht so groß wird, wenn es hinterher doch anders kommt, als man es sich erhofft hat.

c) „Das Leben ist zu kurz für ein langes Gesicht!" Ein kluger Satz an den ich mich halte. Ich picke mir stets die Rosinen aus dem Kuchen – und gehe lieber bunt und frohgelaunt durchs Leben als ein Miesepeter in schwarz-weiß.

3. Wir leben in Zeiten des Wandels und der stetigen Veränderungen. Stehst Du dem aufgeschlossen gegenüber oder bist Du eher jemand, der das Bewährte bewahren möchte und daher Neuerungen mit einer gewissen Skepsis begegnet?

a) Wenn sich etwas bewährt hat, dann muss ich es hegen und pflegen, brauche es aber sicherlich nicht erneuern. Mir sind viele Neuerungen auch immer ziemlich suspekt, weil sie oftmals mehr schaden und Unruhe ins Leben bringen, als das sie von Vorteil sind.

b) Wenn Veränderungen sinnvoll und nützlich sind, dann bin ich ihnen gegenüber sehr aufgeschlossen. Ich würde mich aber weder als fanatischen Modernisierer noch als ewigen Skepti-ker von Innovationen betrachten.

c) Ohne Veränderung bleibt alles stehen und es gibt keinen Fortschritt. Wie furchtbar. Ich liebe daher Neues, neue Ideen und neue Konzepte und bin ihnen gegenüber extrem aufge-schlossen.

4. Vielleicht kennst Du das Sprichwort: Wer sein WARUM kennt, findet das WIE von ganz alleine! Kannst Du von Dir behaupten, Deine Motive zu kennen? Etwas, von dem Du weg willst, aber vielleicht auch wo Du stattdessen hin willst?

a) Ja, ich weiß, was ich will und was dafür nötig ist, um meine Ziele zu erreichen. Aber ich bin noch nicht immer konsequent genug gegen mich und meine Gewohnheiten. Doch ich gebe mein Bestes, auch wenn ich weiß, dass ich immer mal wieder der einen oder anderen Versuchung erliege.

b) Ich setze mir stets im Leben ein Ziel und sowie ich das er-reicht habe, definiere ich mir ein neues. Denn ich will nicht planlos durch das Leben irren. Daher mache ich immer das, was zur Zielerreichung notwendig ist – mit aller Konsequenz. Dinge, die mich aufhalten, sortiere ich aus, und konzentriere mich zu 100 Prozent auf das, was gemacht werden muss.

c) Loslassen von liebgewonnenen Gewohnheiten, fällt mir eher schwer. Eben, weil ich es gerne mache und es mir Spaß bringt. Daher versuche ich stets, das Nützliche mit dem Angenehmen zu kombinieren. Denn der Spaß darf bei mir nicht zu kurz kommen, das Leben ist ja manchmal ohnehin schwierig genug.

5. Nur wer seine Ziele kennt, weiß auch wohin ihn sein Weg führen wird. Aber wie konkret kennst Du Deine Ziele?

a) Ich habe mir noch nie Gedanken darüber gemacht, was ich für Wünsche und Träume im Leben habe, weil ich glaube, das Leben ist eh kein Wunschkonzert. Für mich ist es wichtiger bodenständig zu bleiben und mir einen Wunsch dann zu erfüllen, wenn ich es kann. So fühle ich mich freier, ohne Druck.

b) Ich weiß genau, was ich will, und ich weiß auch, was ich nicht will. Da gehe ich gar keine Kompromisse ein. Meine Ziele verfolge ich ohne Wenn und ohne Aber, und wenn es sein muss auch unter Einsatz beider Ellenbogen.

c) Ich kenne zwar meine Ziele und weiß, was ich einmal erreichen will, nur habe ich den Weg dahin noch nicht wirklich gefunden. Daher bin ich offen für interessante Ideen und auch für außergewöhnliche Alternativen. Denn an meinen Zielen will ich festhalten und glaube an sie.

6. Auf der einen Seite stehen die Wünsche und Ziele. Aber das allein reicht noch nicht. Man muss auch den Weg dahin kennen. Du musst also einen Plan haben, um Deine Träume zu erfüllen. Hast Du so einen Plan?

a) Ich habe eine grobe Richtung vor Augen, will mich aber nicht so an einem Ziel festbeißen. Auch, um den Blick noch für andere Dinge frei zu haben. Man weiß ja nie, was so kommt im Leben.

b) Da ich bisher noch nicht das wirklich Richtige für mich beruflich gefunden habe, bin ich auch noch sehr vage in der Definition meiner Ziele. Erst wenn ich mich im Job etabliert habe, weiß ich ja auch, was für mich möglich ist.

c) Vor meinem geistigen Auge sehe ich ganz genau, was ich will. In Gedanken lebe ich das Leben jetzt schon. Das ist, als ob ich live in meinem eigenen Traum spazieren gehe. Und daher sehe ich auch den Weg dahin gestochen scharf.

7. Vieles kann man nicht von heute auf morgen erreichen. Manchmal braucht man zum Erfolg auch Ausdauer und ein Stück weit Geduld. Hauptsache, man gibt niemals auf. Inwieweit glaubst Du selber an lebenslanges Lernen und persönliche Weiterentwicklung?

a) Wenn etwas nicht gleich klappt, dann bin ich sehr schnell ungeduldig und unzufrieden mit mir und lasse dies auch mein näheres Umfeld spüren. In so einem Fall werde ich schnell ungehalten und hadere mit mir selber. Auch wenn ich innerlich genau weiß, wie wichtig es ist, stets dazuzulernen.

b) Wenn's nicht beim ersten Mal klappt, dann eben beim zweiten Mal. Das sehe ich nicht so eng. Hauptsache ich kriege es hin. Denn: Ein Tag, an dem ich nichts Neues erlebt, erfahren und gelernt habe, ist für mich ein verlorener Tag.

c) Das kommt bei mir immer auf die Situation und auf die Notwendigkeit an. Wenn es mir nützt und meinen Zielen dient, dann lerne ich auch gern und bin Neuem gegenüber sehr aufgeschlossen.

8. Was würdest Du als „finanzielle Freiheit" bezeichnen und was genau würde Dir das ermöglichen?

a) Geld wird völlig überbewertet. Es gibt viel wichtigere Dinge im Leben als viel Geld zu besitzen. Wer viel Geld hat, der ist an seinen Reichtum gebunden und das macht wiederum unfrei. Gutes Tun, anderen Helfen – das befriedigt mich viel mehr. Wenn Geld dafür allerdings von Nutzen ist, dann würde ich es dafür einsetzen und das würde mich frei machen.

b) Leben wo und wie ich es will. Besitzen, was man möchte und beim Arbeiten irgendwann einmal kürzer treten, und dies ohne seine Lebensqualität einzubüßen – das ist für mich „finanzielle Freiheit" und genau das ist mein oberstes Ziel.

c) Wer finanziell frei ist, der ist niemandem Rechenschaft schuldig und von nichts und niemandem abhängig. Ein wirklich befreiender Gedanke. Für mich bedeutet das aber nicht ein Leben im maßlosen Überfluss, sondern zu wissen, ich könnte, wenn ich wollte. Egal, ob ich mir etwas gönne, meiner Familie oder anderen helfe.

9. Wer sich konkret dazu entscheidet, in den Tag zu starten, der sollte auch ganz bewusst Ja zu den Aufgaben sagen, die sich ihm dann stellen und bereit sein, immer sein Bestes zu geben. Denn wer nur halb motiviert ist, wird seinem Leben und seiner Karriere keinen wahren Dienst erweisen.

a) Ich kann mich immer bestens motivieren und verlange mir selbst ab, stets mein Bestes zu geben. So bin ich nun mal. Für mich ist es selbstverständlich, dass ich immer alles gebe, wenn ich mir ein Ziel gesetzt habe. Sonst macht das Leben weder Sinn noch Spaß.

b) Nur kein Stress – nichts ist es wert, dass man verbissen wird und sich eine Sperre im Kopf einfängt. Die totale Blockade.

c) Karriere? Ja, aber den Spaß und den Genuss lasse ich dabei nicht zu kurz kommen. Manchmal genügt es auch gut zu sein anstatt super-gut. Oder wie ein Freund von mir gerne sagt: „Gut ist oftmals gut genug". Das finde ich auch!

10. Erfolgreiche Networker werden oftmals als überaus selbstbewusst und führungsstark charakterisiert, also als Menschen, die von sich überzeugt sind und genau wissen, was sie wollen. Würdest Du Dich auch so einschätzen?

a) Aber total. In der Gruppe gebe ich immer den Ton an, auch weil ich es liebe im Mittelpunkt zu stehen.

b) Das kommt auf meine aktuelle Stimmung und auf die Leute drauf an, mit denen ich zu tun habe. Mal kann ich ein echter Entertainer sei, und mal halte ich mich lieber zurück und lass anderen den Vortritt.

c) Ich bin gern der eher stille Beobachter und schau' mir lieber an, wie andere Stimmung machen, von der aber lasse ich mich ebenso gerne mitreißen. Dafür bin ich immer für andere da, wenn sie mich brauchen.

11. Erfolgreiche Teamarbeit hängt auch davon ab, wie motiviert die einzelnen Teammitglieder sind. Aber es ist nicht immer leicht, andere ganz oben auf der Motivationsleiter zu halten.

a) Andere zu motivieren ist meine Paradedisziplin. Auch, weil ich mich als ein Vorbild sehe. Dabei reiße ich andere mit meinem Eifer und meinem positiven Elan regelrecht mit.

b) Ich lasse jedem seinen freien Lauf. Wenn jemand heute nicht motiviert ist, dann ist er es sicherlich morgen wieder – und wenn nicht, dann helfe ich mit guten Gesprächen ein wenig nach.

c) Motivation wird in meinen Augen völlig überbewertet. Immer dieser Aufstand wegen der Motivation. Wer motiviert mich denn mal? Niemand. Also muss sich jeder selber darum kümmern. Ich übernehme ungern die Aufgaben und Pflichten anderer Leute – und sich zu motivieren, dafür ist jeder selbst zuständig.

12. Wer in unserer Network-Marketing-Branche erfolgreich aktiv ist, der ist zugleich selbstbestimmt, weil er für sich allein entscheidet, wann er arbeitet, wie er arbeitet und wieviel er arbeitet. Wie wichtig ist das für Deinen persönlichen Erfolg?

a) Es engt mich total ein, wenn andere mir sagen, was ich zu tun und was ich zu lassen habe. Es nimmt mir fast die Luft zum Atmen. Diese Freiheit, über mich selbst zu bestimmen und zwar in allen Belangen, wäre einer der wichtigsten Gründe für mich, die für Network-Marketing sprechen.

b) Ich fühle mich als Angestellter nicht fremdbestimmt. Im Gegenteil – wenn man mir im Job sagt, was ich zu erledigen habe, dann muss ich auch nur für den eingegrenzten Part meiner Arbeit die Verantwortung übernehmen und nicht für das große Ganze, oder gar für die Leistung anderer. Das empfinde ich als sehr befreiend.

c) Da ich beim Network-Marketing keine Verantwortung dafür habe, anderen Arbeit geben zu müssen oder sie bezahlen zu müssen, ist die hier zu erlebende Selbstbestimmung viel mehr befreiend, als dass sie einen Druck für mich darstellt. Denn ich glaube, dass ich mich so noch viel besser entfalten kann und noch erheblich bessere Ergebnisse erzielen werde.

13. Erfolg im Network-Marketing-Business zu haben, heißt auch Spaß daran zu empfinden, auf andere Menschen zuzugehen. Denn Kontakte sind mehr als das halbe Leben.

a) Stimmt, Kontakte schaden nur dem, der keine hat. Alte Floskel, kann man aber nicht oft genug wiederholen. Daher gehe ich auch liebend gern alleine aus, weil ich dann neue Leute kennenlerne. Fremde Menschen anzusprechen macht mir nichts aus.

b) Ich würde mich selbst eher als zurückhaltend und introvertiert einstufen. Darum bin ich meist nicht derjenige, der den ersten Schritt auf andere Menschen macht. Lieber lasse ich mich ansprechen oder lasse mich kennenlernen. Dann aber gebe ich mich auch offener, kommunikativ und gelöst.

c) Anderen gegenüber bin ich sehr aufgeschlossen und an ihnen interessiert. Nur mache ich nicht so gern den ersten Schritt. Ich lasse lieber ansprechen, bevor ich es selber tue. Aber danach, bin ich für ein Gespräch stets offen.

14. Führen durch Vorführen ist in unserer Branche ein allgegenwärtiges Motto, das Bestand und seine Berechtigung hat. Würdest Du von Dir behaupten, anderen ein gutes Beispiel zu sein?

a) Diese Rolle ist mir zu groß und zu verantwortungsvoll. Ich will nicht das Beispiel für andere sein, sondern nur für mich selber die Verantwortung übernehmen. Das ist schon schwer genug.

b) Wenn ich will, dass es läuft, dann muss ich dafür sorgen, dass es funktioniert. Und das geht nur, wenn ich die Rolle als

Führungskraft auch wirklich ausfülle und annehme. Selbstverständlich sollen sich andere dann an mir orientieren.

c) Man sollte sich nicht immer als das Maß aller Dinge sehen. Das ist ein wenig eingebildet. Der Mix macht's daher. Mal bin ich das Vorbild, vor allem bei Dingen, die ich gut kann. Aber ich orientiere mich auch mal an anderen.

15. Wie Du in diesem Buch bereits erfahren hast, ist „Risiko die neue Sicherheit" – als wie „risikobereit" würdest Du Dich einschätzen?

a) Mein Motto hieß und heißt schon immer: „No risk, no fun" – man muss einfach im Leben – egal, ob Beruf und Privatleben – etwas wagen, sonst tritt man ständig auf der gleichen Stelle. Und wir alle wissen doch: Stillstand ist Rückschritt!

b) Ob ich etwas riskiere, das hängt von der jeweiligen Situation ab und vor allem von den Risiken selbst, die mit einer Entscheidung verbunden sind. Alles auf einmal zu setzen, nein, das mache ich nicht. Risiko mit Augenmaß ist schon eher meine Devise. Denn die Vernunft darf für mich nicht ausgeschlossen werden.

c) „Safety first" – für mich hat Sicherheit immer Vorrang, weil ich besser nach dem Slogan lebe „Lieber den Spatz in der Hand, als die Taube auf dem Dach" und mich daher auch mal mit weniger, was ich habe, zufrieden gebe, als nur dem nachzurennen, was ich nicht habe.

16. Network-Marketing ist ein Geschäft von und mit Menschen. Inwieweit hast Du Spaß am Umgang mit Menschen? Und ebenso Freude dabei, andere wachsen zu sehen und Dich in sie zu investieren?

a) Anderen zu helfen, sie voranzubringen und zu sehen, wie sie im Leben vorwärts kommen, das gibt mir nicht nur ein sehr gutes Gefühl, sondern das sehe ich als eine wesentliche Aufgabe und als eine Verantwortung in meinem Leben. Kaum etwas macht mich glücklicher, als andere glücklich zu machen.

b) Ich mag Menschen sehr, aber die Chemie muss stimmen. Wer nicht meine Werte teilt, meine Lebenseinstellung und meine Ansichten, mit dem kann ich dann auch nicht wirklich etwas anfangen. Da würde es mir schwerfallen, so jemandem zu helfen und meine Energie für ihn zu opfern.

c) Wenn es mir gut geht, geht es anderen gut. Insofern hat mein Wohlgefühl oberste Priorität und erst dann kümmere ich mich auch gern um andere. Denn nur wenn ich ausreichend gefestigt bin und Kraft habe, kann ich auch in andere investieren.

17. Wer Menschen auf ihrem beruflichen Weg begleitet, der muss zuverlässig und vertrauenswürdig sein. Würdest Du Dich selber so einschätzen?

a) Ich bin zuverlässig unzuverlässig. So ist meine Natur, gegen die kann ich nicht an. Wenn ich deshalb weniger vertrauenswürdig für andere bin, ist das deren Problem nicht meins.

b) Ich stehe zu meinen Wort – immer. Das macht mich nicht nur zuverlässig, sondern auch berechenbar im positiven Sinne. Das ist mir wichtig, dass andere Vertrauen zu mir haben und wissen, ich bin gerne für sie da.

c) Ich versuche es auf alle Fälle, zuverlässig zu sein. Das gelingt mir aber nicht immer. Ist aber nicht schlimm. Hauptsache ich weiß, dass ich mich auf mich selber verlassen kann.

18. Es gibt nicht viele Voraussetzungen, um im Network-Business erfolgreich zu sein. Eine wäre aber sehr hilfreich: Es heißt, man muss im Network-Marketing die Fähigkeit besitzen, auch andere Menschen überzeugen zu können. Inwieweit würdest Du Dich selber als begeisterungsfähigen Menschen einschätzen?

a) Da ich der eher nüchterne, sachliche Typ bin und nicht so sehr auf Emotionen setze, halte ich Begeisterungsfähigkeit für nicht extrem wichtig. Denn ich glaube, wenn etwas gut ist, wird ein anderer das auch von alleine erkennen. Ohne, dass ich ihn aktiv überzeugen und dann sogar begeistern muss.

b) Man muss mich mit fundiertem Wissen, mit Fakten und mit Logik von Dingen und Sachverhalten erst einmal selber überzeugen. Aber wenn das geschehen ist, dann bin auch ich sehr gut in der Lage, für meine Überzeugung einzustehen und anderen Gewissheit zu verschaffen. Und zwar so sehr, dass sie dann auch zu ihrer Ansicht stehen und nicht beim ersten Gegenargument gleich wieder „umfallen".

c) Wenn ich einmal für eine Sache brenne, dann lichterloh. „Ganz oder gar nicht" lautet meine Devise. Bin ich von etwas überzeugt, dann total. Und dies auch so sehr, dass ich andere mit meinem Enthusiasmus und meiner Begeisterung wirklich anstecke. Um mich herum herrscht dann eine Aura, der sich andere gar nicht mehr entziehen können.

19. Inwieweit ist Dein derzeitig privater und beruflicher Freundes- und Bekanntenkreis ein Umfeld, was Dich fördert und Deinem Erfolg überaus wohlgesonnen gegenübersteht? Gibt es darunter Menschen, die Dich vielleicht sogar fördern oder als Mentor fungieren?

a) Ja, da sind einige dabei, die mir helfen weiter voranzukommen. Gute Beziehungen schaden nie! Das sind Leute, die sich für mich freuen, wenn es im Beruflichen und Privaten vorangeht. Zudem bin ich stets auf der Suche nach Menschen, die besser sind als ich, weil ich mich gern an Vorbildern orientiere.

b) Mit meinen Freunden will ich vor allem Spaß haben oder ich rede mit ihnen über alles mögliche. Mit ihnen teile ich meine Freizeit, meine Sorgen, aber der Beruf hat da nichts zu suchen. Das sorgt doch nur für Stress, Neid oder Ärger!

c) Keiner in meinem Umfeld würde mir meinen Erfolg oder meine Karriere neiden, aber ich weiß gar nicht genau, ob jemand dabei ist, der mir Tipps geben oder mich direkt sogar protegieren würde. Vielleicht käme der eine oder andere infrage. Das muss ich mal austesten.

Es ist kein Geheimnis, was Du wahrscheinlich jetzt getan hast – denn Du bist ja extrem clever. Richtig, Du hast ans Ende des Buches geblättert und hast die Auswertung gemacht und das für Dich passende Ergebnis gelesen, das für Deine erzielte Punktezahl das passende war. Aber das war Dir nicht genug, Du wolltest auch wissen, was bei den anderen stand. Richtig? Sehr schlau! Denn Dir ist etwas aufgefallen. Nirgends war zu lesen, dass jemand nicht der richtige Typ für Network-Marketing ist. Vielleicht ist der eine prominenter im Auftreten. Der andere ist eher von der stillen Sorte, ein Beobachter, jemand, der nicht gleich mit der berühmten Tür ins Haus fällt. Oder es ist eine gute Mischung aus beiden Charakteren, einer, der heute das Leben in vollen Zügen genießt, und der am nächsten Tag wieder besonnen und strategisch sehr differenziert denkt, wirkt und arbeitet. Alle Drei sind grundverschieden, alle drei haben komplett andere Tugenden, Eigenschaften und Vorzüge. Nein, wirkliche Nachteile hat niemand. Das andere, das, was bei dem Check-up herauskam, sind nur ihre deutlichen Stärken. Die verborgenen, die eher etwas dezenteren haben wir gar nicht genannt. Warum auch? Und warum wurde keiner als ungeeignet „entlarvt"? Der Grund dafür ist sehr einfach und ebenso plausibel: Jeder ist für Network-Marketing geeignet, jeder ist auf seine ganz eigene, spezielle Art die oder der Richtige, ist passend und damit zugleich eine große Bereicherung für die aktuell immer weiter wachsende Community an Networkern auf der ganzen Welt. Wenn, ja wenn er... ein „Warum" hat. Wenn er also mit der aktuellen Lebenssituation unzufrieden ist oder sich „auf der Suche" nach Zielen, nach Veränderungen bzw. nach seinem „Warum" befindet.

SCHLUSSWORT

Es kann also losgehen – worauf wartest Du noch? Sag' jetzt bloß nicht: „Okay, morgen!" – Denn wer „morgen" sagt, will bloß eine Ausrede parat haben, warum er eine Chance stets verpasst – immer und immer wieder. Es gibt aber keine Ausrede mehr. Denn jetzt weißt Du, wie Du Dein aktuelles Gehalt verdoppeln kannst, verdreifachen oder mehr … Jetzt weißt Du auch, wie Du vielleicht Deine aktuelle Rentner-Situation verbessern oder gar vergolden kannst. Wie Du als Student raus aus dem Hamsterrad des „finanziellen Underdogs" kommst oder wie Du dir als bereits Selbstständiger ein zweites Standbein für mehr Existenzsicherheit aufbauen kannst. Du weißt ab sofort auch als Hausfrau, als engagierte Familien-Managerin welche individuell passenden und gestaltbaren Möglichkeiten Dir Network-Marketing geben kann … Du hast es alles hier gelesen und damit erfahren, was zu tun ist und welche Wege es gibt. Wir haben es Dir erzählt und in aller Deutlichkeit erklärt – schonungslos offen. Und wie wir Dir zu Beginn des Buches angekündigt haben: Jetzt gibt es keine Entschuldigung, keine Ausflucht und auch keinen Vorwand mehr, dass Du den richtigen Moment zum Abbiegen, zur Umkehr oder zum aktiven Handeln verpasst hast. Wann ist denn der richtige Zeitpunkt? Auch das wäre wieder eine Ausrede. Das Gegenteil ist der Fall – und Du weißt es genau: Es ist immer der richtige Zeitpunkt – jetzt ebenso wie gleich! Also sage nun am Ende dieses Buches nicht mehr, Du hättest von all den Möglichkeiten, die Dir Network-Marketing bietet, nichts gewusst. Oder willst Du mal zu denjenigen gehören, die am Ende bereuen? Bereuen, nie den richtigen Zeitpunkt gefunden zu haben. Mal warst Du zu jung, dann zu unerfahren, dann zu gebunden, dann wieder zu gefangen im System, danach wieder zu abhängig vom Angestelltendasein, zu selbstzufrieden, zu wenig motiviert ... zu, zu, zu ... Dir fällt immer eine Ausrede ein. Aber wann warst Du zu freiheitsliebend, zu hungrig auf Erfolg, zu gierig nach Lebenslust? Eigentlich immer – so wie jetzt gerade. Hungrig auf einen Traum, der ja ohnehin tief in Dir schlummert, der aber wie ein Flaschengeist endlich frei gelassen werden will. Warum das so ist? Woher wir wissen, dass Du diesen Wunsch innerlich hegst? Ganz einfach, weil Du sonst niemals dieses Buch gelesen hättest. Das allein ist der Beweis dafür, dass es Dich dürstet – nach Freiheit, nach Unabhängigkeit, nach mehr Lebensfreude, nach mehr Erfüllung und Befriedigung und zu guter Letzt auch nach mehr Geld und damit nach mehr Möglichkeiten, das Leben nach Deinen eigenen Wünschen zu gestalten und zu verändern. Daher bedenke: Es ist Dein Moment, der Moment Deines Lebens ... **Network-Marketing JETZT!**

Auflösung des Tests von Seite 140:

Frage 1) a: 4, b: 6, c: 2,
Frage 2) a: 2, b: 4, c: 6,
Frage 3) a: 2, b: 4, c: 6,
Frage 4) a: 4, b: 6, c: 2,
Frage 5) a: 2, b: 6, c: 4,
Frage 6) a: 4, b: 2, c: 6,
Frage 7) a: 2, b: 6, c: 4,
Frage 8) a: 2, b: 6, c: 4,
Frage 9) a: 6, b: 2, c: 4,
Frage 10) a: 6, b: 4, c: 2,
Frage 11) a: 6, b: 4, c: 2,
Frage 12) a: 6, b: 2, c: 4,
Frage 13) a: 6, b: 2, c: 4,
Frage 14) a: 2, b: 6, c: 4,
Frage 15) a: 6, b: 4, c: 2,
Frage 16) a: 6, b: 2, c: 4,
Frage 17) a: 2, b: 6, c: 4,
Frage 18) a: 2, b: 4, c: 6

Auswertung – Dein persönliches Check-Ergebnis:

36 - 56 Punkte
Du springst nicht gleich jubelnd und laut lachend vom 10-Me-ter-Brett rein in das pralle Leben, sondern bist eher der vor-sichtige, etwas nüchterne Betrachter. Du willst überzeugt wer-den – sachlich, mit Fakten und selbst gemachten Erfahrungen. Und wenn das passiert ist, dann fällst Du Dein Urteil über eine

Sache. Kommst Du dabei zu einem positiven Ergebnis, dann bist Du mit Haut und Haar dabei. So ist es auch in Bezug auf die Network-Marketing-Branche. Wenn Du da mitmachst, und Dein Geschäft aufbaust, dann wird dies sehr solide sein, halt mit Bedacht. Da Du selber aber jemand bist, der gern dazulernt, werden die benötigten Tugenden mehr und mehr auf Dich übergehen. Nicht, weil Du gleich von der Notwendigkeit überzeugt bist, sondern eher, weil Du spüren wirst, dass es für Dich von Vorteil ist, wenn Du Dinge so oder so anpackst und erledigst. Denn eins ist klar: Du selber bist Dir immer noch am nächsten und weißt, wenn es Dir gut geht, dann geht's Deinen Partnern automatisch gut. Insofern ist Dir Dein Glück wichtig.

58 - 80 Punkte

Im Kopf bist Du schon mitten dabei. Mit dem Bauch noch nicht ganz. Warum? Weil Dir noch ein wenig der Glaube und die eigene Erfahrung fehlen. Denn Du bist jemand, der nicht blind auf die Aussagen anderer vertraut. Viel lieber machst Du Deine eigenen Erfahrungen. Du bist halt ein Praktiker – kein Theoretiker. Und das ist auch gut so. Denn durch Deine Erfahrungen erlangst Du zunehmend Sicherheit und die wiederum macht Dich zu einem verlässlichen Partner und zu einer verlässlichen Führungskraft. Aber allein schon nach dem Lesen dieses Buches ist Dir innerlich beinahe klar, dass Network-Marketing ein Stück weit Deine Zukunft sein wird. Denn Du hast Lust bekommen an der großen Torte des Erfolgs zu naschen. So viel Lust, dass Du kurz davor bist, mitten in die Torte reinzuspringen. Na, dann mal los, worauf wartest Du noch?

82 - 108 Punkte

Wenn es Dich noch nicht geben würde, dann müsste man Dich als Networker erfinden. Deine Begeisterung, Deine Power und Deine Lebensfreude reißt alle mit – selbst die, die eigentlich (noch) gar nicht wirklich mitgerissen werden wollen. In Dir brennt eine Flamme, die Dich unaufhörlich antreibt, und die Dich vor Aktivität nur so voller Eifer forciert. Durch Dich strömt die Energie wie ein reißender Fluss und Deine Aura leuchtet positiv hell wie eine Sonne über Dir. Aber Achtung, übertreibe es nicht. So viel innere Energie und wuchtige Ausstrahlung verträgt nicht jeder. Du kannst damit auch den einen oder anderen einmal überfordern, weil er mit Deinem Maß an guter Laune, mit Deiner Lebensfreude nicht mithalten kann. Auf der anderen Seite wirst Du es vor Schwung und Elan gar nicht selber bemerken, wie viele Leute sich auf Deine Kosten amüsieren, wie stark sie auf Deine Kosten leben und von Deiner geballten Ladung Lebensfreude partizipieren. Pass daher auf, dass Deine Energiespeicher immer ausreichend gefüllt sind, denn im Network-Geschäft wirst Du ein echtes menschliches Feuerwerk sein.